Brian Manuel González-Contreras

Contribution à la Tolérance aux Défauts des Systèmes Linéaires

AF279959

Brian Manuel González-Contreras

Contribution à la Tolérance aux Défauts des Systèmes Linéaires

Synthèse de Methodes d'Accommodation Fondée sur l'Information du Second Ordre

Presses Académiques Francophones

Publisher:
Presses Académiques Francophones
is a trademark of
International Book Market Service Ltd., member of OmniScriptum Publishing Group
17 Meldrum Street, Beau Bassin 71504, Mauritius

Printed at: see last page
ISBN: 978-3-8416-3413-9

Zugl. / Agréé par: Nancy, Nancy Henri Poincaré, Diss., 2009

Remerciements

Les travaux présentés dans ce mémoire ont été réalisés au Centre de Recherche en Automatique de Nancy (CRAN - UMR 7039), au sein de l'Equipe-Projet SYDER (SYstèmes Distribués et Embarqués Réactifs aux fautes) au sein du groupe thématique SURFDIAG (SUReté de Fonctionnement et DIAGnostic des systèmes).

Table des matières

Table des figures

Liste des tableaux

Notations

$\square$	Fin d'un théorème ou corollaire
$\triangle$	Fin d'une définition
λ_i	i-ème valeur propre d'une matrice carrée
$\mathbb{R}^n$	Ensemble des vecteurs réels de dimension n
$\mathbb{R}^{n \times m}$	Ensemble des matrices réelles de dimension $n \times m$
$X > 0$	Matrice définie positive
$\| \cdot \|_F$	Norme Frobenius d'une matrice
$det(\cdot)$	Déterminant d'une matrice
$\| \cdot \|$	Amplitude d'un vecteur
$\rho(\cdot)$	Rayon spectral d'une matrice
$\| \cdot \|$	Norme matricielle induite
$(\cdot)^+$	Pseudo inverse généralisé d'une matrice
γ	Vecteur des facteurs d'efficacité
γ_i	Facteur d'efficacité de l'i-ème actionneur
$(\cdot)^{-T}$	Transposition d'une matrice inverse
ϱ	Reconfigurabilité intrinsèque
ρ	Reconfigurabilité basée sur la performance
φ^2	Mode du second ordre
φ	Valeur singulière de Hankel
$\underline{\sigma}$	Plus petite valeur singulière
$\bar{\sigma}$	Plus grande valeur singulière
Q_σ	Indice basé sur la reconfigurabilité
$(\cdot)^{hl}$	Valeur calculée hors ligne
$(\cdot)^{el}$	Valeur calculée en ligne
$Re[\cdot]$	Partie réelle d'une valeur propre

Introduction Générale

Le travail présenté dans ce travail s'inscrit dans le cadre de la tolérance aux défauts. Ces travaux de recherche reposent dans un contexte déterministe sur l'analyse et la synthèse des commandes basées sur l'information du second ordre. Cette information représente l'interaction énergétique des excitations affectant les états et sorties du système. Elle est représentée à travers une matrice définie positive satisfaisant l'équation de Lyapunov. La prise en compte d'une telle information permet ainsi de garantir à la fois la stabilité et l'énergie consommée par le système. Elle permettra également de favoriser l'étude de la reconfigurabilité en ligne du système.

Dans le domaine de la commande des systèmes linéaires en utilisant l'information du second ordre, les résultats principaux sont issus des travaux de Skelton et ses collaborateurs. Au départ, ces travaux étaient dédiés aux systèmes stochastiques [Hotz et Skelton, 1987], [Collins et Skelton, 1987], [Skelton et Ikeda, 1989] et puis aux systèmes déterministes [Skelton et Ikeda, 1989], [Yasuda et Skelton, 1991]. Les résultats ont été généralisés dans [Grigoriadis et Skelton, 1997], [Skelton et al., 1998]. Nous présenterons un résumé des travaux considérés dans la littérature pour l'implantation des commandes synthétisées à travers l'information du second ordre par retour d'état. Ensuite nous orientons les méthodologies vers le cas déterministe, cadre de nos hypothèses de travail.

Notre contribution concerne l'utilisation de l'information du second ordre dans le contexte de la tolérance aux défauts, cette application n'ayant pas encore été considérée explicitement dans la littérature.En effet, les méthodologies couramment trouvées sont principalement ([Jiang, 2005], [Zhang et Jiang, 2006], [Zhang et Jiang, 2008]) : placement de pôles, critères quadratiques, inégalités matricielles linéaires, commande predictive du modèle, etc. Parmi ces travaux, les défauts actionneurs ont un grand intérêt. En fait, les actionneurs représentent une partie très importante des systèmes de commande, seuls leviers permettant de reconfigurer le système, d'où notre choix pour l'étude de ces défauts.

Les approches fondées sur l'information du second ordre que nous présentons dans cette thèse permettent d'assigner en boucle fermée une telle information et la préserver en présence des défauts indiqués. Telles approches permettent donc de maîtriser la capacité du système à être reconfiguré. Dans la suite nous considérons que le module de détection et isolation de défauts est idéal, permettant ainsi de focaliser entièrement notre propos sur la problématique de la tolérance aux défauts.

Ce mémoire est organisé selon quatre chapitres comme suit :

Chapitre 1 : Ce chapitre est tout d'abord dédié à la présentation de résultats de base des systèmes linéaires. Nous rappellerons les notions de commandabilité, d'observabilité et les grammiens. Ceci nous conduira à la présentation de l'outil avec lequel cette étude est développée :

1

l'information du second ordre. Les méthodes de synthèse de lois de commande en l'absence de défauts établies à partir de l'information du second ordre sont rappelées dans ce chapitre, en particulier pour la synthèse de la commande par retour d'état. Dans la seconde partie de ce chapitre, nous aborderons la problématique de la tolérance aux défauts afin de lier quelques résultats obtenus dans la littérature à l'information du second ordre. Pour ce faire, la synthèse bibliographique proposée est entièrement consacrée à l'accommodation et à la reconfiguration de lois de commande en présence de défauts s'attachant à présenter à la fois les méthodes actives établies en ligne en fonction du module de diagnostic de défauts (supposé parfait dans ce mémoire) mais également les techniques dédiées à l'étude de la reconfigurabilité des systèmes, principalement en rapport avec les défauts d'actionneurs. Ce chapitre orientera et justifiera les choix scientifiques qui ont guidé les travaux de recherche abordés par la suite. Fort des éléments présentés dans ce premier chapitre, l'intérêt de considérer l'information du second ordre dans le cadre de la tolérance aux fautes sera souligné.

Chapitre 2 : Ce chapitre est consacré à la présentation des techniques d'estimation permettant de mesurer en ligne l'information du second ordre à partir des grandeurs entrée/sortie. La reconfigurabilité de la commande a été proposée comme la capacité du système à continuer à opérer en dépit de l'existence d'un défaut. Elle est fondée sur le grammien de commandabilité, soit l'information du second ordre. Une méthode de calcul en ligne de l'information du second ordre est proposée afin d'évaluer la reconfigurabilité de la commande des systèmes linéaires. Dans une première approche, la réponse libre du système due aux conditions initiales est présentée, en considérant uniquement les données de sortie. Une alternative intéressante à cette approche est proposée s'affranchissant du problème lié aux conditions initiales. Dans ce cas les données entrée/sortie des grandeurs sont utilisées. La solution proposée s'appuie sur une méthode d'identification du système afin de faciliter son calcul. Un indice résultant de cette évaluation est proposé afin de contribuer à l'étude de la reconfigurabilité en ligne d'un système défaillant. Cette estimation en temps réel de l'information du second ordre est étendue aux systèmes commandés en réseau afin d'évaluer l'impact des retards sur la reconfigurabilité du système. Pour illustration, la fin du chapitre est dédiée à la présentation d'une application tirée d'un exemple académique.

Chapitre 3 : Dans ce chapitre nous présentons une analyse du problème de la tolérance aux défauts dans le contexte de la commande synthétisée à partir de l'information du second ordre. Afin d'assurer la stabilité du système dans le cas d'apparition de défauts actionneurs, nous proposons une stratégie de tolérance aux défauts pour les systèmes monovariables en considérant le principe de la méthode de la pseudo inverse modifiée. L'information du second ordre permet d'établir les bornes des incertitudes paramétriques structurées. Ces bornes sont nécessaires pour établir la méthode. La deuxième partie de ce chapitre présente une stratégie d'accommodation des défauts du type perte d'efficacité sur actionneurs. Une synthèse de la commande en préservant l'information du second ordre dans le cas nominal et défaillant des systèmes multivariables est développée. La validité des différents résultats obtenus est illustrée avec des simulations au travers d'exemples académiques.

Chapitre 4 : Ce dernier chapitre est dévolu à une application couramment étudiée dans la commande de procédés : le système hydraulique des trois cuves. Les éléments développés dans les chapitres précédents sont illustrés au travers des simulations effectuées dans ce système, mettant en relief les résultats obtenus et l'apport des méthodes développées.

À la fin de cette thèse, quelques paragraphes seront consacrés aux conclusions et aux perspectives des travaux présentés.

On trouvera ci-dessous la liste des publications relatives aux travaux exposés :

1.- **Brian M. Gonzalez-Contreras**, Didier Theilliol et Dominique Sauter, *Reconfigurability evaluation using input/output data for actuator faults*, Proceedings of the IFAC SAFEPROCESS 2009, Barcelone, Espagne, 30 juin-3 juillet 2009, CD-ROM.

2.- **Brian M. Gonzalez-Contreras**, Didier Theilliol et Dominique Sauter, *Actuator fault tolerant control design : modified pseudo-inverse method for single-input systems based on second order information*, 5th Workshop on Advanced Control and Diagnosis (ACD'07), Grenoble, France, 15-16 Novembre, 2007, CD ROM.

3.- **Brian M. Gonzalez-Contreras**, J.L. Rullán-Lara, Didier Theilliol et Dominique Sauter, *Reconfiguración de sistemas de una sola entrada usando información de segundo orden*, Seminario Anual de Automática, Electrónica Industrial e Instrumentación SAAEI'07, Puebla, Mexique, 10-12 Septembre 2007, pp. 399-404, ISBN : 978-968-9182-52-8.

4.- **Brian M. Gonzalez-Contreras**, Didier Theilliol et Dominique Sauter, *Actuator fault tolerant controller synthesis based on second order information*, Proceedings of European Control Conference ECC'07. Kos, Grèce, 2-5 Juillet 2007, pp. 1811-1816, ISBN : 978-960-89028-5-5.

5.- **Brian M. Gonzalez-Contreras**, Didier Theilliol et Dominique Sauter, *Performance evaluation of Networked Control Systems based on the controllability gramian*, 3rd Workshop on Networked Control Systems Tolerant to Faults (NeCST'07), Nancy, France, 11-12 Juin, 2007, CD ROM.

6.- **Brian M. Gonzalez-Contreras**, Didier Theilliol et Dominique Sauter, *Actuator fault tolerant controller synthesis based on second order information*. 4th Workshop on Advanced Control and Diagnosis (ACD'06), Nancy, France, 16-17 Novembre, 2006, CD ROM.

Chapitre 1

Introduction

Ce premier chapitre est consacré à la présentation de l'outil de travail que nous allons utiliser tout au long de ce document : l'information du second ordre des systèmes linéaires. Nous rappelons quelques éléments de base des systèmes linéaires afin de définir cette information. Le critère pour présenter ces éléments tient compte de l'axe de recherche choisi pour le développement de ce mémoire, à savoir la tolérance aux défauts. Ceci explique que ce chapitre soit complété dans une deuxième partie par la problématique de la tolérance aux défauts des systèmes. Pour commencer, un état de l'art concernant les méthodologies utilisées dans le domaine de la tolérance aux défauts est présenté afin de positionner notre contribution dans le bon contexte. En particulier nous abordons l'aspect des défauts du type perte d'efficacité des actionneurs et les solutions proposées dans la littérature, lesquelles concernent principalement la méthode de la pseudo-inverse. L'analyse de la reconfigurabilité est aussi considérée une première fois dans ce chapitre. Néanmoins nous présentons un bref état de l'art concernant ce type d'analyse.

1.1 Information du premier ordre

Dans cette étude nous considérons les procédés qui permettent d'être modélisés et décrits par un modèle linéaire invariant sous la forme générale suivante :

$$\begin{cases} \dot{x}(t) = Ax(t) + Bu(t) \\ y(t) = Cx(t), \end{cases} \tag{1.1}$$

avec $x(t) \in \mathbb{R}^n$ le vecteur d'etat, avec condition initiale au temps t_0 $(t_0 \geq 0)$ de $x(0) = x(t_0)$; $u(t) \in \mathbb{R}^r$ le vecteur d'entrée externe au système et $y(t) \in \mathbb{R}^m$ le vecteur de sortie. Les matrices constantes $A \in \mathbb{R}^{n \times n}$, $B \in \mathbb{R}^{n \times r}$, $C \in \mathbb{R}^{m \times n}$ caractérisent le système.

1.1.1 Commandabilité, grammiens et équations de Lyapunov

La réponse dynamique à une entrée $u(t)$ pour le système (1.1) est donnée par :

$$x(t) = e^{At}x(0) + \int_{t_0}^{t} e^{A(t-\tau)}Bu(\tau)d\tau \qquad (1.2)$$

$$y(t) = Ce^{At}x(0) + \int_{t_0}^{t} Ce^{A(t-\tau)}Bu(\tau)d\tau. \qquad (1.3)$$

Dorénavant, nous considérons cette réponse comme celle du premier ordre afin de la différencier de la réponse obtenue en considérant un sens énergétique. Cette interprétation énergétique est une relation qui caractérise la distribution de l'énergie du système (1.1) affecté par l'entrée $u(t)$.

Avant de décrire cette relation, nous rappelons quelques propriétés des systèmes linéaires. Nous nous consacrons tout d'abord à la commandabilité du système.

Définition 1.1. *[Toscano, 2005] Un système est dit entièrement commandable (ou simplement commandable) si, par action sur l'entrée, on peut atteindre en un temps fini n'importe quel point de l'espace d'état.* △

Nous pouvons étudier la commandabilité d'un système linéaire grâce au *grammien* W_c, celui-ci est donné par :

$$W_c(T_f) = \int_{t_0}^{T_f} e^{At}BB^T e^{A^T t}dt \qquad (1.4)$$

où T_f est la longueur de la fenêtre de temps ou horizon de commande pendant lequel on mesure la matrice $W_c(T_f)$. L'intégrale (1.4) est connue sous le nom de *grammien partiel* ou *grammien transitoire* de *commandabilité* (ou de *gouvernabilité*). Nous avons le théorème suivant par rapport à la commandabilité du système (1.1).

Théorème 1.1. *[D'Azzo et Houpis, 1995] Le système linéaire (1.1) est commandable si et seulement si la matrice symétrique positive (1.4) est inversible pour au moins un T_f. On dit alors que la paire (A, B) est commandable.* □

Ce théorème nous permet de tester la commandabilité du système, cependant la stabilité du système ne peut pas être évaluée. Par contre, si le grammien de commandabilité transitoire (1.4) avec $T_f \to \infty$ existe, d'après le Théorème 1.1, alors

$$W_c = \lim_{T_f \to \infty} W_c(T_f) \qquad (1.5)$$

représente le *grammien de commandabilité* W_c. Cette matrice est aussi solution de l'équation de Lyapunov :

$$AW_c + W_c A^T + BB^T = 0. \qquad (1.6)$$

Il existe une solution défini positive pour (1.6) quand la matrice A est asymptotiquement stable, dit Hurwitz, c'est-à-dire lorsque les valeurs propres de la matrice A sont à partie réelle négative. Par contre, si le système (1.1) est instable, la solution de (1.6) n'est pas définie positive. Donc

$W_c(T_f)$ peut exister pour $T_f < \infty$ mais pas pour $T_f = \infty$. En conséquence (1.4) et (1.6) indiquent différentes propriétés du système (1.1).

De même, il existe une description pour le cas de l'observabilité du système. Par dualité, nous avons le théorème suivant.

Théorème 1.2. *[Toscano, 2005] Le système linéaire (1.1) est observable si et seulement si la matrice symétrique positive*

$$W_o(T_f) = \int_{t_0}^{T_f} e^{A^T t} C^T C e^{At} dt \qquad (1.7)$$

est inversible pour au moins un T_f. On dit alors que la paire (A, C) est observable. $\square$

Si le grammien d'observabilité transitoire (1.7) avec $T_f \to \infty$ existe, alors

$$W_o = \lim_{T_f \to \infty} W_o(T_f)$$

et l'on l'appelle *grammien d'observabilité W_o*. Cette matrice est solution de l'équation de Lyapunov :

$$A^T W_o + W_o A + C^T C = 0. \qquad (1.8)$$

De forme similaire au cas de la commandabilité, la solution unique définie positive pour (1.8) nous indique que la matrice A est asymptotiquement stable.

Nous pouvons également établir les propriétés précédentes dans le cas discret.

La commandabilité des systèmes linéaires discrets est obtenue à partir de la résolution de l'équation de récurrence du système discret suivant :

$$\begin{cases} x(k+1) & = Ax(k) + Bu(k) \\ y(k) & = Cx(k), \end{cases} \qquad (1.9)$$

où implicitement la période d'échantillonnage h est considérée dans les termes utilisés $x(k) \in \mathbb{R}^n$, vecteur d'etat, $u(k) \in \mathbb{R}^r$ le vecteur d'entrée, et $y(k) \in \mathbb{R}^m$ le vecteur de sortie. Les matrices (A, B, C) ont les mêmes dimensions que dans le cas continu.

En développant la réponse $x(k+1)$ de (1.9) à un vecteur d'entrée $u(0)$ pour $k = 0, 1, 2, \ldots, l$, compte tenu la condition initiale $x(0) = x(t_0)$, nous avons :

$$\begin{aligned} x(1) &= Ax(0) + Bu(0) \\ x(2) &= Ax(1) + Bu(1) = A^2 x(0) + ABu(0) + Bu(1) \\ &\vdots \\ x(l) &= A^l x(0) + A^{l-1} Bu(0) + \cdots + Bu(l-1), \end{aligned} \qquad (1.10)$$

développement qui sous forme matricielle est donné par :

$$x(l) - A^l x(0) = \sum_{i=0}^{l-1} A^i Bu(l-i-1) = \begin{bmatrix} B & AB & \cdots & A^{l-1}B \end{bmatrix} \begin{bmatrix} u(l-1) \\ u(l-2) \\ \vdots \\ u(0) \end{bmatrix}. \qquad (1.11)$$

Observons que l'état final peut être donné par $x(l)$ et donc pour trouver une séquence de commande solution de (1.11) il faut que

$$\Omega = \begin{bmatrix} B & AB & \cdots & A^{l-1}B \end{bmatrix} \tag{1.12}$$

soit de rang n garantissant ainsi la commandabilité du système. Si le système est également stable, alors la matrice Ω est de rang n. En fait, elle est également utilisée pour vérifier la stabilité du système étant donné que si A est stable alors la convergence de

$$\Omega\Omega^T = \sum_{i=0}^{l-1} A^i BB^T (A^i)^T, \tag{1.13}$$

est assurée à mesure que $l \to \infty$. L'équation (1.13) représente le *grammien de commandabilité discret* W_c^d de rang n puisqu'il représente un système stable. On l'écrit sous la forme :

$$W_c^d = \Omega\Omega^T = \sum_{i=0}^{\infty} A^i BB^T (A^i)^T. \tag{1.14}$$

La valeur du grammien de commandabilité discret W_c^d peut s'obtenir à partir de la solution de l'équation de Lyapunov suivante :

$$W_c^d = A W_c^d A^T + BB^T. \tag{1.15}$$

Comme nous l'avons fait précédemment, par dualité, nous exprimons le grammien d'observabilité W_o^d sous la forme suivante :

$$W_o^d = A^T W_o^d A + C^T C. \tag{1.16}$$

Les grammiens de commandabilité et d'observabilité présentent les mêmes propriétés en continue et en discret. Ceci nous permet de les utiliser indistinctement.

1.1.2 Interprétation énergétique du grammien de commandabilité

Quand le système est commandable dans les conditions indiquées à la section précédente, nous pouvons l'amener vers un état final désiré. Ceci est possible grâce à un signal de commande $u(t)$ d'énergie finie. Nous pouvons décrire l'interprétation énergétique du grammien de commandabilité à partir de ce signal $u(t)$. Afin de mieux illustrer cet aspect, nous reprenons le cas discret compte tenu de l'équivalence entre les cas discret et continu.

Si nous nous intéressons à minimiser l'énergie consommée par le système (1.9) pour le transférer de l'état $x(t_0 = 0) = 0$ à $x(t_f = l) = x_f$ (l'état final désiré) dans une séquence de temps $l \geq n$, $k = 0, 1, \ldots, l - 1$, nous considérons (1.11) avec $x(0) = 0$ et ainsi :

$$\Omega \begin{bmatrix} u(l-1) \\ u(l-2) \\ \vdots \\ u(0) \end{bmatrix} = \Omega u = x_f, \tag{1.17}$$

alors le critère énergétique

$$J_u = u^T u = \sum_{k=0}^{l-1} u^2(k), \text{ sujet à } (1.17) \tag{1.18}$$

doit être minimisé. Pour ce faire, étant donné un système par supposition commandable, nous obtenons une solution de (1.17) au sens de moindres carrés en utilisant la pseudo-inverse gauche de la matrice Ω, c'est-à-dire :

$$u = \begin{bmatrix} u(l-1) \\ u(l-2) \\ \vdots \\ u(0) \end{bmatrix} = \left(\Omega^T \Omega\right)^{-1} \Omega^T x_f. \tag{1.19}$$

La valeur minimale de l'énergie du signal d'entrée $u(k)$ représentée par J_u est ainsi donnée par :

$$
\begin{aligned}
J_u = u^T u &= \left(\Omega^T \left(\Omega\Omega^T\right)^{-1} x_f\right)^T \Omega^T \left(\Omega\Omega^T\right)^{-1} x_f \\
&= x_f^T \left(\Omega\Omega^T\right)^{-1} x_f \\
&= x_f^T \left(W_c^d\right)^{-1} x_f,
\end{aligned} \tag{1.20}
$$

où la matrice W_c^d est la solution de l'équation de Lyapunov (1.15).

Dans le cas continu nous avons un résultat similaire exprimé par le théorème suivant :

Théorème 1.3. *[Moore, 1981], [Zhou et al., 1996] L'énergie minimale E_u^{min} consommée par le système continu (1.1) pour atteindre l'état final $x_f = x(T_f)$ au temps T_f depuis une condition initiale nulle $x(t_0) = 0$ est donc donnée par :*

$$E_u^{min} = \min_{x(t_0)=0, \, x_f=x(T_f)} \left(\int_{t_0}^{T_f} u^T(t) \cdot u(t)\, dt\right) = x_f^T \left(W_c(T_f)\right)^{-1} x_f, \tag{1.21}$$

où $W_c(T_f)$ est calculée à partir de (1.4). □

Notons que l'énergie $\int_{t_0}^{\infty} u^T(t) \cdot u(t)\, dt$ en fait limite les états atteignables par le système, donc si le système est stable, $x_f^T W_c^{-1} x_f$ représente un hyperellipsoïde qui enferme les états atteignables en utilisant l'entrée $u(t)$. Si la valeur E_u^{min} est grande cela signifie qu'il y a des états difficiles à commander, ils requièrent plus d'énergie pour être excités. Par contre, si la valeur de E_u^{min} est petite, cela signifie que les états sont plus commandables ou plus sensibles à l'excitation [Wicks et Decarlo, 1990].

En considérant le système (1.1) stable, nous pouvons admettre seulement la matrice W_c^{-1} pour rapporter ses valeurs propres aux états et ainsi voir que les états associés aux valeurs propres de grande amplitude correspondent aux états difficilement (les moins) commandables et que les états associés aux valeurs propres de petite amplitude correspondent aux états facilement (les plus) commandables.

Considérons l'hyperellipsoïde représentée à la figure 1.1. La forme de chaque ellipsoïde montre que certains états sont plus proches de l'origine, donc plus difficiles à atteindre. Ceci dépend des

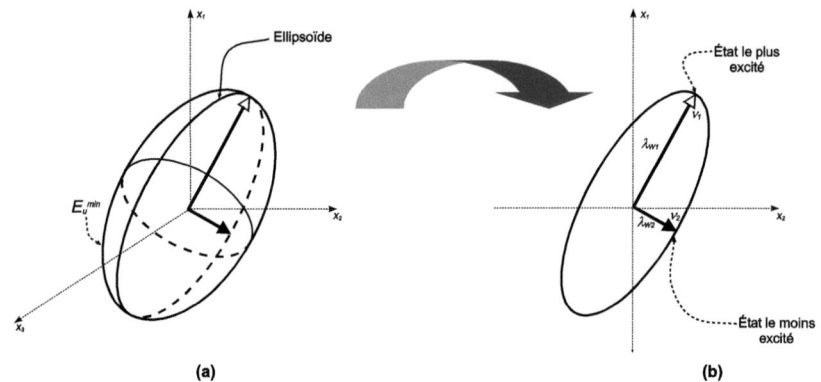

FIG. 1.1 – Interprétation énergétique du grammien de commandabilité.

valeurs propres de la matrice W_c, alors que la taille de l'hyperellipsoïde dépend de l'énergie minimale $E_u^{\min}$ (1.21) que dépense le système. Si les vecteurs propres de W_c sont donnés par $\nu_1, \ldots, \nu_n$ rapportés aux valeurs propres $\lambda_{W1}, \ldots, \lambda_{Wn}$, nous avons :

$$W_c \nu_i = \lambda_{Wi} \nu_i, \quad \therefore \quad W_c^{-1} \nu_i = \frac{1}{\lambda_{Wi}} \nu_i, \ i = 1, \ldots, n \qquad (1.22)$$

Les valeurs propres λ_{Wi} déterminent la taille des axes de l'hyperellipsoïde et les vecteurs propres ν_i déterminent la direction de l'hyperellipsoïde et de chaque ellipsoïde composante, comme montre la figure 1.1 (a). Sans perte de généralité, nous considérons un grammien diagonal afin de l'exprimer sous une forme compacte et ainsi décrire l'ellipsoïde obtenue à partir de $x_f^T (W_c)^{-1} x_f$ à l'aide de la base formée par les vecteurs propres λ_{Wi} :

$$\sum_{i=1}^{n} \frac{1}{\lambda_{Wi}} x_{fi}^2 = E_u^{\min}. \qquad (1.23)$$

Cette équation nous permet de voir (cf. figure 1.1 (b)) que les grands axes de l'ellipsoïde sont liés aux petits coefficients $\frac{1}{\lambda_{Wi}}$ de (1.23) et les petits axes aux grands coefficients $\frac{1}{\lambda_{Wi}}$. Ainsi, les valeurs propres λ_{Wi}, les plus petites, donnent les plus petits axes.

Par conséquent les plus grands axes de l'hyperellipsoïde correspondent aux états les plus excitables et donc commandables. Ils sont obtenus à partir des valeurs propres les plus petites de W_c^{-1}. De même, les plus petits axes de l'hyperellipsoïde correspondent aux états les moins excitables et sont donnés par les valeurs propres les plus grandes de W_c^{-1}.

À partir de cela, nous pouvons établir les limites énergétiques du système (1.1) sans considérer un type spécifique de signal $u(t)$, mais seulement son énergie décrite par l'équation (1.21), parce que toute entrée est affectée par la matrice B et c'est elle qui reste invariable dans le calcul de W_c. C'est pourquoi, d'après [Moore, 1981] et [Wicks et Decarlo, 1990], le grammien de commandabilité permet de caractériser quantitativement l'énergie que dépense un système en termes d'énergie d'entrée.

La relation énergétique que nous venons de présenter peut être généralisée afin de considérer les excitations bornées affectant le système. À partir de cela nous obtenons ce qui est connu sous le nom de l'*information du second ordre*.

1.2 L'information du second ordre des systèmes

L'interprétation énergétique présentée à la section précédente nous permet de généraliser l'interaction entrée/sortie existant dans un système affectée par des excitations déterministes ou stochastiques. Cette interprétation énergétique est connue, de forme générale, sous le nom de l'information du second ordre.

1.2.1 Information du second ordre en boucle ouverte

Nous considérons par la suite le grammien de commandabilité dû à une excitation de type impulsion unitaire $u(t) = \delta(t)$, et donc bornée. L'équation (1.4) peut être décrite comme dépendant de l'état $x(t)$ à partir de la solution (1.2) du système (1.1) à cette excitation, comme suit :

$$W_c(T_f) = \int_{t_0}^{T_f} x(t) \cdot x^T(t) dt. \tag{1.24}$$

Nous pouvons constater ainsi que : le grammien de commandabilité représente l'intégrale du carré de la réponse impulsionelle des états du système [Larminat, 1996].

Si au temps $t_0 = 0$ la condition initiale du système est $x(t_0) = x(0)$, elle peut représenter l'excitation nécessaire pour obtenir la dynamique du système, de façon similaire à une excitation externe donnée par une impulsion unitaire $\delta(t)$. Cela signifie qu'un ensemble d'entrées sous la forme d'impulsions ou sous la forme de conditions initiales peuvent être considérés comme signaux d'excitation.

Pour un système multi-entrées, nous considérons une impulsion pour chaque entrée afin d'obtenir la réponse totale du système (principe de superposition). Nous ajoutons également l'excitation due à la condition initiale. Ainsi la représentation peut se mettre sous la forme :

$$W_c(T_f) = \sum_{i=1}^{n_t} \int_{t_0}^{T_f} x(i,t) \cdot x^T(i,t) dt, \tag{1.25}$$

où $x(i,t)$ représente chacune des réponses dues à chaque i-ème excitation, étant celles-ci les conditions initiales ou les impulsions. Ainsi n_t est le nombre total d'excitations : $n_t = n + r$ (états initiaux et entrées externes). De nouveau, si $T_f \to \infty$ en (1.25) alors on peut l'exprimer sous la forme similaire à (1.6). L'évaluation de W_c se fait en trouvant la solution unique de l'équation de Lyapunov suivante :

$$AW_c + W_c A^T + BB^T + X_0 = 0, \tag{1.26}$$

où $X_0 = x(t_0) \cdot x^T(t_0)$.

Si nous reprenons le cas des excitations externes, cette intégrale représente l'énergie du système due à chaque entrée, puisqu'elle représente la norme $\mathcal{L}_2$ de chaque réponse due à chaque excitation bornée $\|u\|^2 < \infty$. Pour le cas d'un système mono-entrée stable, la norme $\mathcal{L}_2$ du système (1.1) avec $x(t_0 = 0) = 0$ est :

$$\|x\|_{\mathcal{L}_2} = \int_0^{T_f = \infty} x(t)^2 dt. \tag{1.27}$$

Notons qu'elle est identique à (1.24) dans le cas monovariable. Nous pouvons étendre ce résultat dans le cas multivariable pour trouver que la norme $\mathcal{L}_2$ est équivalente à la norme $\mathcal{H}_2$:

$$\|\mathcal{H}\|_2^2 = Tr\left(\int_0^\infty x(t) \cdot x^T(t) dt\right), \tag{1.28}$$

où Tr représente la trace de matrice. De cette façon nous constatons que l'équation antérieure est équivalente à (1.25) quand le système est excité par des entrées impulsionnelles et elle représente l'énergie du système affecté par une entrée d'énergie unitaire $\|u\|^2 = 1$ (impulsion unitaire).

Nous pouvons obtenir une deuxième interprétation pour la solution de l'équation de Lyapunov dans le contexte stochastique. Si l'entrée $u(t)$ est un bruit blanc de densité spectrale Q, la matrice de covariance X en régime permanent est donnée par [Kwakernaak et Sivan, 1972] :

$$X = \mathcal{E}\left\{x(t) \cdot x^T(t)\right\}, \tag{1.29}$$

où $\mathcal{E}$ représente l'espérance mathématique. Cette matrice X est solution de :

$$AX + XA^T + BQB^T + X_0 = 0. \tag{1.30}$$

La covariance d'état représente le grammien de commandabilité lorsque le vecteur d'entrée $u(t)$ correspond au vecteur du bruit blanc.

Maintenant nous pouvons différencier les concepts d'information du premier et du second ordre à partir de cette dernière interprétation : dans le contexte stochastique, l'information de premier ordre reste pour les systèmes dont les variables sont ou peuvent être exactement caractérisées en utilisant la moyenne de la valeur qui les représente. La moyenne est connue comme le premier moment statistique (stochastique) [Kwakernaak et Sivan, 1972], [Grimble et Johnson, 1988].

L'information obtenue à partir des variables du système dont les variables sont caractérisées par le second moment statistique, c'est-à-dire la covariance, est nommée *information du second ordre*.

De façon générale et en termes énergétiques, la matrice positive définie qui est solution de l'équation de Lyapunov associée au système (1.1) est connue comme *information du second ordre* du système. Dans le contexte stochastique, nous pouvons ajouter que cette information est rapportée à la norme $\mathcal{H}_2$ et cette dernière est équivalente à la norme $\mathcal{L}_2$ du système en considérant l'énergie de l'entrée impulsionnelle dans le contexte déterministe. Les deux normes satisfont une même équation de Lyapunov : (1.6) et (1.30) pour chaque cas. Par conséquent, cette information peut être interprétée dans n'importe quel contexte, puisqu'elle représente un même sens énergétique.

L'unification de ces interprétations énergétiques nous donne donc la notion d'information du second ordre proposée par Skelton et *al.* [Skelton *et al.*, 1998], [Yasuda *et al.*, 1993] pour la synthèse de systèmes de commande. Le concept a été employé par [Krajewski *et al.*, 1994] dans le domaine de l'identification des systèmes en utilisant le même contexte énergétique de la norme $\mathcal{L}_2$.

Définition 1.2. *L'information du second ordre (ISO) exprime l'interaction, dite énergétique, des excitations externes et internes affectant le système* (1.1), *information représentée au moyen d'une matrice définie positive mettant en relation les états et sorties du système considéré.* △

Remarquons que cette forme de généralisation inclut la réponse du système à des excitations externes ou à l'état initial du système ou les deux. C'est pour cela que nous permet de considérer l'énergie affectant le système. Également le calcul de l'information du second ordre permet de savoir si le système est stable. En effet si la paire $(A, BB^T + X_0)$ est-elle commandable, alors la matrice A est stable pour $X > 0$. Si nous considérons seul le cas $X_0 > 0$ la condition de commandabilité est assurée. Donc la matrice A, stable grâce à une boucle fermée, peut être synthétisée pour obtenir une matrice $X > 0$, comme se présente à la section qui suit.

L'exemple qui suit considère seul l'excitation externe affectant le système.

Exemple

Soit le système suivant :

$$A = \begin{bmatrix} -1 & 1 \\ 0 & -2 \end{bmatrix}, \quad B = \begin{bmatrix} 1 & 0 \\ 0 & 1 \end{bmatrix} = \begin{bmatrix} b_1 & b_2 \end{bmatrix}, \tag{1.31}$$

avec conditions initiales nulles. Trouver l'information du second ordre, c'est-à-dire le grammien de commandabilité $W_c = \begin{bmatrix} w_{11} & w_{12} \\ w_{21} & w_{22} \end{bmatrix}$.

Solution

Nous obtenons la matrice de transition à l'aide de l'expansion exponentielle du terme e^{At} comme suit :

$$e^{At} = \begin{bmatrix} 1 & 0 \\ 0 & 1 \end{bmatrix} + \begin{bmatrix} -1 & 1 \\ 0 & -2 \end{bmatrix} t + \begin{bmatrix} 1 & -3 \\ 0 & 4 \end{bmatrix} \frac{t^2}{2!} + \begin{bmatrix} -1 & 7 \\ 0 & -8 \end{bmatrix} \frac{t^3}{3!} + \cdots \tag{1.32}$$

À partir de cette expansion matricielle nous exprimons chaque entrée de la matrice comme une expansion exponentielle individuelle pour ainsi obtenir la matrice de transition suivante :

$$\Phi(t) = \begin{bmatrix} e^{-t} & e^{-t} - e^{-2t} \\ 0 & e^{-2t} \end{bmatrix}. \tag{1.33}$$

Nous allons procéder en calculant la solution temporelle pour chaque entrée en considérant chaque vecteur b_1 et b_2 :

$$x(1, t) = \Phi(t)b_1 = \begin{bmatrix} e^{-t} \\ 0 \end{bmatrix}, \quad x(2, t) = \Phi(t)b_2 = \begin{bmatrix} e^{-t} - e^{-2t} \\ e^{-2t} \end{bmatrix}. \tag{1.34}$$

Enfin

$$\begin{aligned} W_c &= \sum_{i=1}^{2} \int_0^\infty x(i, t) \, x^T(i, t) dt \\ &= \int_0^\infty \begin{bmatrix} e^{-2t} & 0 \\ 0 & 0 \end{bmatrix} + \int_0^\infty \begin{bmatrix} e^{-2t} - 2e^{-3t} + e^{-4t} & e^{-3t} - e^{-4t} \\ e^{-3t} - e^{-4t} & e^{-4t} \end{bmatrix} \\ &= \frac{1}{12} \begin{bmatrix} 7 & 1 \\ 1 & 3 \end{bmatrix}. \end{aligned} \tag{1.35}$$

13

Nous constatons que le système donné est stable puisque le grammien de commandabilité est défini positif. La vérification se fait compte tenu que les valeurs propres de la matrice A sont $\lambda_{1,2} = (-1, -2)$. Notons également que si le système n'avait pas été stable (intégrale zéro à l'infini) le grammien est positif pour n'importe quelle valeur donnée à t, $\forall t < \infty$ dans (1.35). Également cette solution correspond à celle obtenue de l'équation de Lyapunov (1.6) en utilisant les matrices (1.31).

Nous allons par la suite considérer la modification de l'information du second ordre. Les travaux de Skelton et *al.* par rapport à l'assignation de cette information au travers d'un bouclage seront repris. Ce sujet est l'objet de la section suivante.

1.2.2 Information du second ordre en boucle fermée

La théorie de la synthèse de l'information de second ordre pour des systèmes bouclés a été développée principalement par R.E. Skelton. La problématique au début était focalisée sur les systèmes stochastiques ce qui explique que la commande développée a été connue sous le nom de synthèse de commande par covariance ou assignation de la covariance d'état par retour d'état [Hotz et Skelton, 1987]. Ensuite, la synthèse de ces commandes a été développée pour systèmes discrets [Collins et Skelton, 1987], [Hsieh et Skelton, 1990]. Postérieurement, l'analyse de telles commandes a été étendue aux commandes dynamiques [Skelton et Ikeda, 1989] et systèmes déterministes [Yasuda et Skelton, 1991], [Yasuda *et al.*, 1993]. La théorie complète est réunie principalement dans [Skelton *et al.*, 1998].

L'information de second ordre est donc une caractérisation énergétique unifiée des systèmes stochastiques et déterministes avec application aux systèmes linéaires invariants, discrets ou continus. Nous allons présenter la forme générale de la synthèse des commandes par information du second ordre (ISO) des systèmes linéaires. Puis, nous nous focalisons sur l'aspect du retour d'état, qui représente la forme de synthèse utilisée dans cette étude.

La synthèse d'une commande par ISO permet de caractériser en boucle fermée une ISO spécifiée *a priori* pour un système linéaire.

Dans ce qui suit, nous allons présenter la formulation de la synthèse de l'ISO. Cette information est représentée par une matrice $X \in \mathbb{R}^{n \times n}$ avec les propriétés suivantes :

$p1.$- X est une matrice positive définie, en conséquence non singulière $X > 0$,

$p2.$- X est une matrice symétrique $X = X^T$ et donc elle a un maximum de $\frac{n(n+1)}{2}$ entrées différentes.

Afin d'aborder la synthèse de l'ISO par un bouclage, nous reprenons le système linéaire (1.1) mais affecté par une entrée commandable et une autre probablement non commandable mais bornée. Nous représentons le système sous la forme :

$$\begin{cases} \dot{x}(t) &= Ax(t) + Bu(t) + D_p w(t) \\ y(t) &= Cx(t), \end{cases} \tag{1.36}$$

où le nouveau vecteur ajouté $w(t) \in \mathbb{R}^q$ représente une perturbation d'énergie bornée et la matrice associée est $D_p \in \mathbb{R}^{n \times q}$.

L'objectif est de synthétiser la matrice X au travers d'une loi de commande donnée par :

$$u(t) = GCx(t) \tag{1.37}$$

où $G \in \mathbb{R}^{r \times n}$, laquelle stabilise tout d'abord le système (1.36), mais également assigne au système (ou synthétise) une matrice $X > 0$ représentant l'information du second ordre, ce que rend spéciale cette synthèse.

Pour ce faire, il faut que la paire (A, D_p) soit commandable et la paire (A, B) stabilisable, ce qui représente la même condition que pour le système (1.1) étant donné que l'excitation externe est $w(t)$. En fait, ce que nous avons fait est d'ajouter le signal de commande $u(t)$. En boucle fermée le système est représenté sous la forme :

$$\begin{cases} \dot{x}(t) &= (A + BGC)x(t) + D_p w(t) \\ y(t) &= Cx(t). \end{cases} \tag{1.38}$$

Par analogie à (1.1) la boucle fermée (1.38) satisfait l'équation de Lyapunov suivante :

$$(A + BGC)X + X(A + BGC)^T + D_p \Theta D_p^T + X_0 = 0. \tag{1.39}$$

Pour le cas déterministe la matrice X est exprimée comme :

$$X = \sum_{i=1}^{n_t} \int_0^\infty x(i, t) \cdot x^T(i, t) dt. \tag{1.40}$$

Rappelons que $n_t = n + r$ correspond au nombre d'excitations affectant le système. Les excitations peuvent être les suivantes :

$$X_0 = \begin{bmatrix} x_1^2(0) & & \\ & \ddots & \\ & & x_n^2(0) \end{bmatrix} \tag{1.41}$$

où $x_i(0)$, $i = 1, \ldots, n$ sont les conditions initiales et les excitations externes sont décrites, de forme générale, par

$$\Theta = \begin{bmatrix} w_1^2(t) & & \\ & \ddots & \\ & & w_q^2(t) \end{bmatrix} \tag{1.42}$$

qui dans le cas d'impulsions unitaires est simplement $\Theta = I_q$. On peut bien sûr considérer le cas stochastique et alors définir X comme la covariance d'état du système $X = \mathcal{E}\left\{x(t) \cdot x^T(t)\right\}$ et l'excitation étant un bruit blanc de moyenne zéro $\mathcal{E}\{w(t)\} = 0$ et variance $\mathcal{E}\left\{w(t) \cdot w^T(t)\right\} = \Theta$, $w(t) \sim \mathcal{N}(0, \Theta)$.

Le problème de la commande qui synthétise l'ISO est de trouver les gains G permettant d'obtenir en boucle fermée une matrice X requise. Les matrices que l'on peut synthétiser dépendent de certaines conditions. Avant de présenter ces conditions, nous définissons la matrice de l'ISO X que l'on peut synthétiser, dite autrement matrice *assignable*.

Définition 1.3. *[Skelton et al., 1998] Une matrice d'ISO X est* assignable *au système (1.36) en boucle fermée au travers de (1.37) pour quelque G si X satisfait (1.39), c'est-à-dire, le système devient asymptotiquement stable.* △

Nous présentons ensuite les conditions de la synthèse par retour de sortie d'une matrice de l'ISO avec les propriétés *p1-p2* .

15

1.2.2.1 Synthèse des commandes de l'information du second ordre par retour de sortie

Pour déterminer les conditions dans lesquelles une matrice de l'ISO X existe et peut être synthétisée, nous utilisons le théorème suivant dans le cas d'un retour de sortie.

Théorème 1.4. *[Yasuda et al., 1993] Soit la matrice $X > 0$, elle peut être synthétisée en boucle fermée au travers de G si et seulement si :*

$$(I - BB^+)Q(I - BB^+) = 0, \tag{1.43a}$$

$$(I - C^+C)Q(I - C^+C) = 0, \tag{1.43b}$$

ou

$$(I - LL^+)(I - C^+C)X^{-1}QBB^+ = 0, \tag{1.44a}$$

$$Q(I - BB^+)(I - \Gamma\Gamma^+) = 0, \tag{1.44b}$$

d'où

$$Q = (XA^T + AX + D_p\Theta D_p^T + X_0),$$
$$L = (I - C^+C)X^{-1}BB^+, \tag{1.45}$$
$$\Gamma = C^+CX(I - BB^+),$$

$\square$

Si la matrice X peut être synthétisée, alors le gain de la commande (1.37) est donné par :

$$G = G_1 + G_2SG_3 + Z - B^+BZCC^+, \tag{1.46}$$

où $Z \in \mathbb{R}^{r \times n}$ est une matrice arbitraire et $S \in \mathbb{R}^{n \times n}$ est une matrice anti-symétrique $S = -S^T$, et

$$G_1 = -\tfrac{1}{2}B^+Q(2I - BB^+)X^{-1}C^+ + \tfrac{1}{2}B^+(\Psi^T - \Psi)BB^+X^{-1}C^+, \tag{1.47a}$$

$$G_2 = B^+(I - L^+L), \tag{1.47b}$$

$$G_3 = (I - L^+L)BB^+X^{-1}C^+, \tag{1.47c}$$

avec

$$\Psi = 2L^+(I - C^+C)X^{-1}Q + [I - L^+(I - C^+C)X^{-1}]QL^+L. \tag{1.48}$$

Notons que les deux derniers termes peuvent être éliminés dans le cas où B est de rang plein colonne et C est de rang plein ligne. Alors $B^+B = I$ et $CC^+ = I$, donc $Z - B^+BZCC^+ = 0$. En fait ce cas est souvent normal à cause de qu'il n'y a pas de redondance matérielle. Réécrivons alors (1.46) pour obtenir :

$$G = G_1 + G_2SG_3. \tag{1.49}$$

À partir de cette dernière, nous pouvons constater que la commande n'est pas unique pour une matrice X choisie, puisque le gain G contient la matrice S qui est une matrice totalement arbitraire. Les différentes valeurs de S déterminent l'emplacement de la partie imaginaire des pôles de la boucle fermée. Il n'existe pas de formulation afin de déterminer cet emplacement [Skelton et al., 1994] de façon précise. Néanmoins, concernant la matrice S nous considérons les remarques suivantes [Skelton, 1988], [Skelton et Ikeda, 1989] :

Remarque 1.1. La matrice S permet de faire varier l'emplacement de la partie imaginaire des pôles de la boucle fermée. Sous certaines conditions peut également servir à minimiser la commande $u(t)$ d'après les résultats de [Skelton *et al.*, 1994]. Dans le cadre de cette thèse nous considérons le premier cas, avec la possibilité de choisir une matrice zéro.

Remarque 1.2. La dimension de la matrice S peut être réduite parce qu'il s'agit d'une matrice de paramètres libres. Cette réduction dépend du nombre d'entrées et sorties du système, de cette manière $S \in \mathbb{R}^{e \times e}$ où $e = m + r - n$.

Remarque 1.3. La commande (1.49) est unique si dans (1.36), $\min(r, n - m) \geq r - 1$, dans le cas d'un système mono entrée $(r = 1)$ parce que l'unique matrice anti-symétrique de dimension 1 est zéro.

Nous allons présenter maintenant le cas du retour d'état, cas continu et discret, qui sera utilisé tout au long de notre étude. Ce choix est motivé compte tenu certaines caractéristiques permettant une synthèse plus traitable, en évitant ainsi des calculs complexes qui sont le point faible des méthodes purement algébriques comme celle utilisée dans notre recherche.

1.2.2.2 Synthèse des commandes de l'information du second ordre par retour d'état

Si tous les états sont mesurables alors $C = I$ $(C^+ = I)$ et la commande considérée est synthétisée par un retour d'état. La loi de commande devient donc :

$$u(t) = Gx(t), \tag{1.50}$$

et ainsi la matrice X de l'ISO est synthétisée si l'équation de Lyapunov suivante est satisfaite :

$$(A + BG)X + X(A + BG) + D\Theta D^T + X_0 = 0, \tag{1.51}$$

et alors la boucle fermée suivante est stable :

$$\dot{x}(t) = (A + BG)x(t) + D_p w(t). \tag{1.52}$$

Le choix $C = I$ permet de simplifier les conditions du Théorème 1.4 pour la synthèse correcte de l'ISO, et donc des équations (1.43a)-(1.45). Le théorème simplifié est le suivant.

Théorème 1.5. *[Yasuda et al., 1993] [Skelton et al., 1998] Soit la matrice $X > 0$, le système* (1.36) *avec $C = I$ et la commande* (1.50), *les énoncés suivants sont équivalents :*

(i) Il existe un gain G qui au travers de (1.50) *permet la synthèse de la matrice X représentant l'information du second ordre.*

(ii) X satisfait

$$(I - BB^+)(AX + XA^T + D_p\Theta D_p^T + X_0)(I - BB^+) = 0. \tag{1.53}$$

□

17

Dans ce cas l'ensemble de gains de commande synthétisant l'information du second ordre X est aussi simplifié pour (1.46). Le gain reste sous la forme :

$$G = -\frac{1}{2}B^+(AX + XA^T + D_p\Theta D_p^T + X_0)(2I - BB^+)X^{-1} + B^+SBB^+X^{-1} + (I - B^+B)Z, \quad (1.54)$$

où Z et S sont identiques au cas précédent. Observons également que si B est de rang plein colonne ou de rang inférieur $\mathcal{R}(B) \leq r$, le dernier terme de (1.54) s'annule et donc

$$G = -\frac{1}{2}B^+(AX + XA^T + D_p\Theta D_p^T + X_0)(2I - BB^+)X^{-1} + B^+SBB^+X^{-1}. \quad (1.55)$$

À partir du Théorème 1.5 quelques résultats concernant la possibilité de synthétiser X sont établis, permettant ainsi une synthèse de la commande par retour d'état, comme présenté ensuite.

Théorème 1.6. *[Hotz et Skelton, 1987] Le système* (1.36) *est complètement commandable par synthèse de l'ISO si et seulement si*

$$BB^+A = A \quad et \quad BB^+D_p\Theta D_p^T = D_p\Theta D_p^T \quad (1.56)$$

$\square$

À partir de ce dernier nous avons le suivant :

Corollaire 1.7. *Le système* (1.36) *est complètement commandable par synthèse de l'ISO s'il existe une loi de commande* (1.37) *qui synthétise n'importe quelle matrice d'ISO X satisfaisant les propriétés $p1 - p2$.* $\square$

Pour obtenir un système complètement commandable à travers la synthèse de l'ISO il faut considérer les corollaires suivants [Skelton, 1988], [Skelton et Ikeda, 1989] :

Corollaire 1.8. *Le système* (1.36) *est complètement commandable par synthèse de l'ISO si*

$$\mathcal{R}(A) \leq \mathcal{R}(B) \quad (1.57)$$

où $\mathcal{R}(\cdot)$ *représente le rang d'une matrice.* $\square$

Corollaire 1.9. *Si la matrice B est de rang plein alors toute matrice de l'ISO X peut être synthétisée par retour d'état.* $\square$

Corollaire 1.10. *Si le système* (1.36) *est complètement commandable par synthèse de l'ISO alors* (1.36) *est complètement commandable.* $\square$

Pour le cas d'un retour d'état, nous avons les remarques suivantes permettant quelques simplifications au moment de faire la synthèse respective :

Remarque 1.4. Compte tenu de la remarque 1.3, la dimension de la matrice S peut être réduite à celle de $r \times r$ au travers du déplacement de cette matrice de sorte que :

$$G = -\frac{1}{2}B^+(AX + XA^T + D_p\Theta D_p^T + X_0)(2I - BB^+)X^{-1} + B^+ B\bar{S}B^+X^{-1}, \qquad (1.58)$$

de cette manière nous avons $\bar{S} \in \mathbb{R}^{r \times r}$.

Remarque 1.5. Si le système (1.36) est mono entrée, la commande (1.55) est unique puisque la dimension de la matrice S est 1×1 (cf. remarque 1.3). Cela signifie que $S = 0$.

Ces remarques seront utilisées dans le chapitre suivant afin de les appliquer à la solution au problème de la tolérance aux défauts.

1.2.2.3 Synthèse des commandes de l'information du second ordre par retour d'état : cas discret

Nous présentons ensuite la forme de synthèse de l'ISO pour les systèmes discrets. Même que dans le cas précédent, nous considérons que les états sont disponibles par mesure capteurs. Pour cela, nous supposons que le système est représenté sous la forme discrète suivante :

$$\begin{cases} x(k+1) &= Ax(k) + Bu(k) + D_p w(k) \\ y(k) &= Cx(k), \end{cases} \qquad (1.59)$$

où les vecteurs sont définis comme $x(k) \in \mathbb{R}^n$, $u(k) \in \mathbb{R}^r$, $y(k) \in \mathbb{R}^m$, $w(k) \in \mathbb{R}^q$ avec matrices $A \in \mathbb{R}^{n \times n}$, $B \in \mathbb{R}^{n \times r}$, $C \in \mathbb{R}^{n \times n}$ et la condition initiale du système est $x(0) = x_0$. Compte tenu de notre hypothèse des états disponibles $C = I$.

Similaire au cas continu, on cherche à synthétiser l'ISO X donnée par :

$$X = \sum_{i=1}^{n_t} \sum_{k=0}^{\infty} x(i,k) \cdot x^T(i,k), \qquad (1.60)$$

d'où $n_t = n + q$ correspond au nombre d'excitations affectant le système. Cette commande à synthétiser est sous la forme :

$$u(k) = G^d x(k), \qquad (1.61)$$

de façon que la boucle fermée :

$$x(k+1) = (A + BG^d)x(k) + D_p w(k). \qquad (1.62)$$

soit stable et satisfasse :

$$X = (A + BG^d)X(A + BG^d)^T + D_p\Theta Dp^T + X_0, \qquad (1.63)$$

où X_0 et Θ représentent les mêmes matrices que dans le cas continu, définies par (1.41) et (1.42).

Le théorème qui suit est similaire au théorème 1.5 dans le cas continu mais il faut considérer l'ISO discrète (1.60), alors :

Théorème 1.11. *[Collins et Skelton, 1987] [Xu et Skelton, 1992] Le système discret* (1.59) *avec* $C = I$ *est commandable par synthèse d'une matrice d'ISO en retour d'état si et seulement si :*

(i) $X \geq D_p \Theta D_p^T$.

(ii) X *satisfait*

$$(I - BB^+)(AXA^T - X + D_p \Theta D_p^T + X_0)(I - BB^+) = 0. \tag{1.64}$$

où X_0 *et* Θ *sont données par* (1.41) *et* (1.42) *mais dans le cas discret.* □

Afin de synthétiser l'ISO par retour d'état il faut considérer les matrices suivantes [Collins et Skelton, 1987] :

$$Q = X - D_p \Theta D_p^T + X_0 = LL^T, \qquad X = TT^T, \tag{1.65}$$

et la décomposition en valeurs singulières (SVD) de :

$$N = (I - BB^+) L = E\Sigma F_1^T \tag{1.66}$$

$$P = (I - BB^+) AT = E\Sigma F_2^T. \tag{1.67}$$

où E, F_1, F_2 sont orthogonales ($EE^T = E^T E = I$, par exemple) et N et P sont de rang r avec $N^T N = PP^T$.

Le gain de retour d'état est donné par le théorème suivant.

Théorème 1.12. *[Collins et Skelton, 1987], [Grigoriadis et Skelton, 1997] La matrice de l'information du second ordre exprimée par* (1.60) *et qui est solution de* (1.63), *est synthétisée par le retour d'état* (1.61) *si les conditions du Théorème 1.11 sont satisfaites avec un gain donné par :*

$$G^d = B^+ \left(LF_1 \begin{bmatrix} I_\alpha & 0 \\ 0 & U_F \end{bmatrix} F_2^T T^{-1} - A \right), \tag{1.68}$$

où les matrices F_1, F_2 *sont obtenues de* (1.66)-(1.67), *avec* $U_F \in \mathbb{R}^{r \times r}$ *comme une matrice orthogonale* $(U_F U_F^T = U_F^T U_F = I)$ *arbitraire et* I_α *représente une matrice identité de dimension* $\alpha = n - r$.

Nous notons que U_F est du même rang que la matrice B. De même, notons que la remarque 1.5 des systèmes continus change dans le cas discret et en conséquence nous avons la remarque suivante.

Remarque 1.6. Pour les systèmes mono-entrée il est possible qu'il existe deux gains G^d permettant la synthèse d'une même matrice de l'ISO X, parce que $U_F = \pm 1$ sont les deux choix possibles qu'on peut avoir comme matrices orthogonales.

Le corollaire suivant [Skelton et Grigoriadis, 1993] représente la meilleure approximation de la commande synthétisant l'ISO à l'équation de Lyapunov en boucle fermée, au sens de la norme Frobenius.

Corollaire 1.13. *Si la matrice X désirée pour conception ne peut pas être synthétisée car elle ne satisfait pas la condition* (1.64), *alors la matrice X_a obtenue en utilisant le gain G_d de* (1.68) *minimise la norme Frobenius de l'équation de Lyapunov* (1.63), *c'est-à-dire :*

$$X_a = arg \min_{G^d} \| X - (A + BG^d)X(A + BG^d)^T - D_p \Theta Dp^T \|_F. \tag{1.69}$$

$\square$

Également notons que la même condition de synthèse utilisée pour systèmes continus est utilisée pareillement pour systèmes discrets et en conséquence quelques propriétés sont également partagées dans les deux contextes. En effet, certains corollaires précédemment présentés sont également appliqués : 1.7– 1.9. De plus, le corollaire 1.10 est adapté au système représenté sous la forme (1.59).

Nous terminons cette section en considérant la remarque suivante permettant de connaître l'emplacement des pôles de la boucle fermée ainsi formée en utilisant le gain (1.68).

Remarque 1.7. La partie réelle des pôles $\text{Re}\,[\lambda^{bf}]$ de la boucle fermée synthétisée au moyen du gain (1.68) est entourée selon les limites données par le produit $D_p D_p^T X^{-1}$ de la manière suivante :

$$\lambda^L \leq \text{Re}\,[\lambda^{bf}] \leq \lambda^U \tag{1.70}$$

avec

$$\lambda^L = \sqrt{1 - \max_i \{\lambda_i(D_p D_p^T X^{-1})\}}, \quad \lambda^U = \sqrt{1 - \min_i \{\lambda_i(D_p D_p^T X^{-1})\}}. \tag{1.71}$$

où λ_i représente la valeur propre $\forall i = 1, \ldots, n$.

Dans cette partie nous avons exposé les notions de base de la synthèse de commandes basées sur l'information du second ordre permettant de caractériser une matrice définie positive en boucle fermée. Nous avons rappelé les théorèmes, corollaires et remarques les plus importants afin de présenter les éléments avec lesquels nous allons développer nos propos et notre contribution dans le contexte de la tolérance aux défauts.

Dans la partie suivante de ce chapitre nous allons présenter les différents travaux existants consacrés au domaine de la tolérance aux défauts afin de placer en contexte notre recherche. Nous présenterons quelques problématiques qui se rapportent à l'information du second ordre compte tenu des approches de tolérance aux défauts déjà existants.

1.3 Les systèmes tolérants aux défauts

Dans le domaine de la commande des systèmes, la complexité des systèmes est accompagnée d'une demande toujours plus forte de disponibilité et de sécurité. Afin de réussir ces objectifs, il existe des tâches et fonctions consacrées à garantir un correct fonctionnement de tels systèmes. Ces tâches peuvent être la détection, le traitement et le diagnostic d'anomalies, ainsi que la prise de décision concernant la gestion de défauts. Afin d'éviter des catastrophes inhérentes à l'apparition d'anomalies, le diagnostic et la tolérance aux défauts sont devenus une préoccupation majeure dans la conception, le développement, la validation, la certification et l'exploitation de systèmes. La tolérance aux défauts permet de réduire, voire d'annuler, l'effet de défauts ayant un impact inacceptable sur la mission, la sécurité (de l'être humain et du matériel), l'environnement et la rentabilité.

1.3.1 Détection, diagnostic et tolérance aux défauts

Afin d'atteindre une supervision automatique effective, la connaissance de l'état des procédés sous conditions normales et défaillantes est requise. Les tâches de détection, isolation et diagnostic de défauts permettent de réussir ces objectifs.

Les systèmes de détection et diagnostic de défauts (*Fault Detection and Diagnosis–FDD*, en anglais) sont constitués de trois tâches principales suivantes :

Détection Détermination de façon rapide et fiable (en précisant l'instant d'occurrence) de l'existence d'un défaut dans le système ;

Isolation Détermination des caractéristiques sur des défauts qui se produisent en précisant le type, l'emplacement et l'instant de défaut ;

Identification Caractérisation avec détail de l'amplitude et de la taille des défauts qui se produisent, avec estimation de l'impact du défaut.

Néanmoins, selon les objectifs de la supervision du système, des fonctions de détection et isolation de défauts (*Fault Détection and Isolation–FDI*, en anglais) peuvent être uniquement requises. Les systèmes FDI/FDD considèrent les étapes de génération résiduelle (différence entre la valeur de référence et les variables d'intérêt), l'évaluation des résidus (production de symptômes de défauts) et la décision concernant des défauts qui se produisent (compte tenu des symptômes obtenus).

Les concepts principaux et les méthodes sont décrits dans les articles de [Frank, 1990], [Isermann et Ballé, 1997], [Isermann, 1997b], [Gertler, 1988] ou [Blanke *et al.*, 2001], également dans les ouvrages comme [Patton *et al.*, 1989], [Patton *et al.*, 2000], [Gertler, 1998] et [Chen et Patton, 1999].

La tolérance aux défauts, comme une partie du système de supervision des systèmes, représente une fonction supérieure au module FDI/FDD [Toscano, 2005], [Blanke *et al.*, 2006]. La tolérance aux défauts permet d'assurer la fiabilité et sûreté du système pour préserver la maîtrise du comportement dynamique. Le but est d'éviter que le défaut devienne une défaillance et conduise à une panne générale du système.

Parue comme une réponse à l'autoréparation des systèmes aéronautiques dans les années 80 [Zhang et Jiang, 2001], [Zhang et Jiang, 2002] la tolérance aux défauts est considérée comme une exigence ajoutée à la commande des systèmes qui opèrent continûment ou sous conditions de risque pour les utilisateurs et même pour l'équipe. Les travaux rapportés, peuvent être trouvés dans les articles de Patton [Patton, 1997], Jiang [Jiang, 2005] et Zhang [Zhang et Jiang, 2008] où ils donnent l'état de l'art sur la commande tolérante aux défauts. Aussi les livres de Kinnaert et *al.* [Blanke *et al.*, 2006] et Patton et *al.* [Patton *et al.*, 2000] présentent de telles études.

Les systèmes de commande tolérante aux défauts doivent être conçus avec une structure permettant de garantir la stabilité et des performances imposées, à la fois dans des conditions normales d'opération (fonctionnement nominal) des composants, et dans des conditions anormales d'opération (fonctionnement défaillant) des composants.

En principe, un système tolérant aux défauts peut être obtenu par redondance matérielle à base d'actionneurs et capteurs. La redondance matérielle consiste à commuter l'élément défaillant vers un autre permettant d'effectuer la même tâche [Isermann, 2006]. On parle également de redondance matérielle lorsque le nombre d'entrées de commande disponibles est supérieur au nombre de sorties à réguler. La redondance matérielle est avantageuse dans le cas d'un défaut critique comme la perte totale d'un capteur ou d'un actionneur. Cependant, il est évident que cette solution ne peut pas être réalisée pour tous les systèmes industriels. Cette solution suppose de multiplier le nombre de capteurs et d'actionneurs, ce qui requiert un investissement très important pour les installer et un coût d'installation et de maintenance très élevé.

À l'opposé, la redondance analytique permet d'éviter de tels coûts. Les méthodes utilisant la redondance analytique nécessitent un modèle décrivant le comportement du système. Pourtant, un compromis entre les deux redondances peut être considéré. Notons que la redondance est un point très important dans la conception d'un système FDI/FDD et tolérant aux défauts. Nous allons nous focaliser sur ce dernier et pour cela nous allons considérer qu'un modèle mathématique représentant le système est disponible. De cette manière le positionnement du problème de la tolérance aux défauts actionneurs est décrit comme suit.

1.3.2 Problématique et approches de la tolérance aux défauts

Le problème de la tolérance aux défauts [Blanke *et al.*, 2001] est décrit par l'ensemble

$$\{O, C(\Theta), \mathcal{U}\}, \tag{1.72}$$

où O représente les objectifs de la commande, C la structure du système qui dépend des paramètres Θ du système, et $\mathcal{U}$ étant l'ensemble des lois de commandes qu'on peut utiliser pour satisfaire les objectifs O compte tenu de la structure $C(\Theta)$. C'est Θ qui représente le changement du système quand les défauts se produisent et c'est à partir de ce changement que la commande tolérante doit réagir.

Soit le système nominal sans défauts $\{O, C(\Theta_n), \mathcal{U}_n\}$, alors la problématique de la tolérance aux défauts consiste à trouver une solution au système défaillant avec termes $\{O, C(\Theta_f), \mathcal{U}_f\}$, étant $C(\Theta_f)$ la nouvelle structure du système défaillant et $\mathcal{U}_f$ la loi de commande qui assure l'objectif O. S'il y a une solution le système est tolérant aux défauts.

La conception d'un système de commande tolérant aux défauts (*Fault Tolerant Control–FTC*, en anglais) dépend de plusieurs conditions [Jiang, 2005] : les éventuels défauts pouvant affecter le système, le comportement du système en présence de défauts et le type de redondance présent dans le système. Néanmoins, une caractéristique plus importante est la manière dans laquelle le système FTC va agir lorsque le défaut se produit.

La tolérance aux défauts peut s'intégrer à la commande comme une réaction contre les défauts, ou bien, comme une autre condition considérée à l'avance comme la pire situation de fonctionnement prise en compte lors de l'étape de conception de la commande. En effet, dans un cas la tolérance est active et dans l'autre, passive. Cette forme générale de classification permet d'intégrer toutes les méthodes qu'on peut trouver dans la littérature.

Les méthodes de tolérance aux défauts sont variées et classées selon [Zhang et Jiang, 2006], [Zhang et Jiang, 2008] : l'outil mathématique utilisé, la forme de leur conception, la forme spécifique de la commande employée, etc. Une classification selon l'outil de commande utilisé est présentée à la figure 1.2.

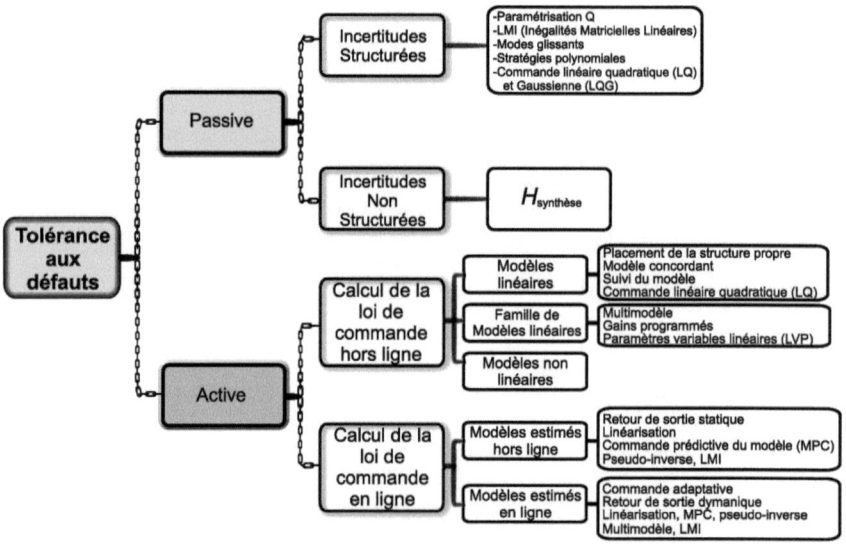

FIG. 1.2 – Classification de méthodes tolérantes aux défauts

Sur la figure 1.2 observons les deux grands groupes de commandes actives et passives. Au delà de cette première division, la classification peut être faite de forme différente selon les critères de conception considérés pour établir la commande. Nous présentons dans les paragraphes suivants quelques approches et méthodes de conception considérées.

1.3.2.1 Approches passives

Ces systèmes exigent de la tolérance aux défauts sans dépendre d'une supervision explicite et des étapes de détection, isolation et diagnostic de défauts, sinon simplement d'une certaine robustesse face aux défauts [Zhao et Jiang, 1998], [Jiang, 2005]. C'est pour cela qu'ils sont dits relativement autonomes [Jiang et Zhao, 2000] en termes de supervision, comme les systèmes de tolérance aux fautes utilisés dans le domaine de l'aéronautique [Looze *et al.*, 1985].

Les méthodes passives (*Passive Fault Tolerant Control–PFTC*, en anglais) supposent connus les défauts et leurs effets sur le système et les intègrent dans la conception de la loi de commande. Un régulateur fixe est conçu afin de stabiliser le système nominal et le système défaillant. Ces techniques sont applicables pour certains types de défauts connus à l'avance, se fondant sur la connaissance *a priori* des défauts, et sur une structure et des paramètres fixes du régulateur au cours du temps [Looze *et al.*, 1985], [Zhou et Ren, 2001], [Stoustrup et Niemann, 2001]. Cela signifie que, dans l'étape de conception, les défauts sont considérés comme étant le pire cas de dégradation dans le fonctionnement des capteurs/actionneurs [Veillette *et al.*, 1990].

Comme le présente la figure 1.3, les défauts sont considérés comme des perturbations affectant le système. Le régulateur fixe considère ces signaux. Le but est de trouver un régulateur qui optimise les performances "pour le pire cas de défaut". Les paramètres du régulateur ainsi déterminé restent fixes pendant le fonctionnement du système même en présence d'un défaut [Suyama, 2002a].

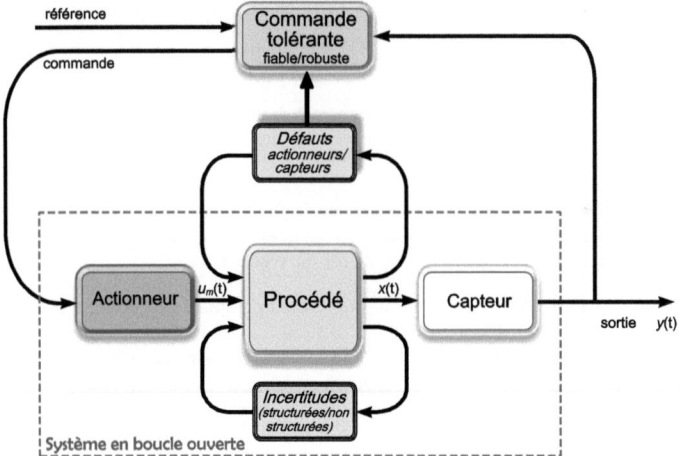

FIG. 1.3 – Schéma général d'un système passif de commande tolérant aux défauts

D'après la notation de l'ensemble (1.72), la solution trouvée est en fait commune à $\{O, C(\Theta_n), \mathcal{U}_n\}$ et à $\{O, C(\Theta_f), \mathcal{U}_f\}$, cela signifie que $\mathcal{U}_n = \mathcal{U}_f$.

Les approches passives utilisent des techniques de commande par stabilisation simultanée [Liang et Liaw, 2002], [Zhao et Jiang, 1998], [Jiang et Zhao, 2000] et principalement, de commande robuste en considérant des incertitudes structurées/non structurées (voir figure 1.2) :

la synthèse LQ/LQG [Veillette *et al.*, 1990], [Veillette *et al.*, 1992], [Veillette, 1995], H_2/H_∞ [Seo et Kim, 1996], [Seo, 1997], [Suyama, 2002b], les inégalités matricielles linéaires (LMI) [Liao *et al.*, 2002] ou Q paramétrisation [Zhou et Ren, 2001], [Stoustrup et Blondel, 2004], [Niemann et Stoustrup, 2005]. Ces techniques reposent fortement sur la base de la redondance matérielle d'actionneurs et de capteurs.

Comme l'illustre la figure 1.3, les méthodes passives ne requièrent pas d'information en ligne sur le défaut, ce qui représente un avantage par rapport aux systèmes actifs (voir ensuite), puisque l'on obtient une certaine autonomie. Le système continuera à travailler avec la même commande et la même structure. Néanmoins, leur domaine d'application reste limité au numéro restreint de défauts anticipés et à une faible capacité de tolérance aux défauts. Cette dernière se traduit par l'obtention des objectifs liés à faibles niveaux de performance, autrement dit, ces commandes sont conservatives [Blanke *et al.*, 2006].

1.3.2.2 Approches actives

Les méthodes actives de commande tolérante aux défauts (*Active Fault Tolerant Control–AFTC*, en anglais), au contraire des méthodes passives, utilisent les techniques d'ajustement en temps réel des régulateurs de la boucle de commande avec la connaissance des caractéristiques des défauts afin de maintenir la stabilité et les performances de régulation du système. Elles se composent principalement des éléments suivants [Zhang et Jiang, 2003], [Jiang, 2005] :

– Une commande reconfigurable ;
– Un module de détection/isolation et diagnostic de défauts (FDI/FDD) permettant la détection, l'isolation et l'estimation de l'amplitude des défauts ;
– Un mécanisme de reconfiguration.

Ces éléments se présentent dans le schéma général du système AFTC de la figure 1.4. Le rôle du module FDI/FDD a pour objet d'estimer en ligne Θ dans (1.72), c'est-à-dire d'estimer les paramètres en défaut ainsi que les variables d'état du système.

Le module FDI/FDD doit permettre de prendre en compte les différents types de défauts intervenant sur le système et d'assurer la fiabilité de ses informations pour activer le mécanisme de reconfiguration en un temps minimal. La boucle FTC est ainsi activée seulement quand un défaut a été détecté par le module FDI/FDD, à savoir $\Theta_n \neq \Theta_f$. Le rôle du mécanisme de reconfiguration, à partir de l'information en ligne produite par le module FDI/FDD, est de modifier la commande reconfigurable (voir figure 1.4) afin de permettre au système de continuer à fonctionner avec des performances les plus proches possibles de celles du système nominal en utilisant la synthèse automatique de la loi de commande pour préserver, tout d'abord la stabilité, et ensuite la dynamique du système ainsi que ses performances nominales initiales.

Remarquons qu'une commande tolérante active peut être basée, selon les défauts connus, sur la sélection d'une loi de commande pré-calculée et donc hors ligne, ou sur la sélection d'une loi de commande en ligne en considérant des défauts non-anticipés ou inconnus. La modélisation du système dans le cas des commandes calculées hors ligne, et la méthode d'estimation du modèle dans le cas des commandes calculées en ligne, permettent également des variantes.

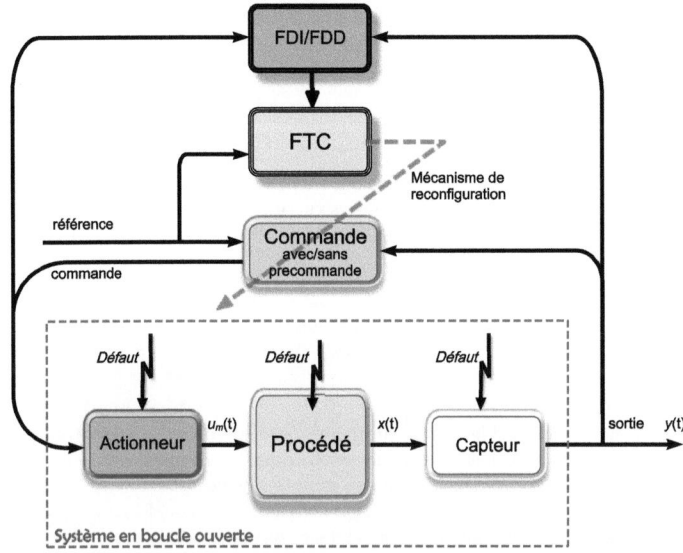

FIG. 1.4 – Schéma général d'un système actif de commande tolérant aux défauts

Au lieu de classer les méthodes actives selon la méthode de conception utilisée, les méthodes actives peuvent aussi être décomposées en deux types selon leur façon d'agir sur le système et selon le type de défaut qui se produit sur celui-ci [Blanke *et al.*, 2001], [Staroswiecki, 2002] : ainsi distingue-t-on l'accommodation de défauts et la reconfiguration du système de commande. Ce classement dépend du défaut sur les composantes du système : perte partielle ou totale de leurs capacités d'opération.

Accommodation de défauts L'accommodation de défauts considère l'adaptation de la commande lorsqu'une perte d'efficacité se présente comme la forme de défaut. Cette adaptation peut être un recalcul des gains du système de commande par rapport à la perte de l'efficacité ou dégradation (soit actionneur, soit capteur) ou bien, une compensation du signal de commande par rapport à la diminution de la performance originale due au défaut. Pour ceci l'amplitude du défaut et ses caractéristiques plus précises sont requises. Donc, en considérant l'ensemble (1.72), le module FDD détermine $\hat{\Theta}_f$ pour former l'ensemble défaillant :

$$\{O, \hat{C}_f(\hat{\Theta}_f), \hat{\mathcal{U}}_f\}. \tag{1.73}$$

La tolérance est réussie à travers la solution de cet ensemble. Notons que les objectifs de la commande ne changent pas.

Reconfiguration (du système de commande) La reconfiguration du système de commande consiste à remplacer l'action menée par la partie en défaut du système par une action menée par les éléments sains du système. Ainsi il est possible d'atteindre les objectifs de commande O. Dans ce cas on utilise seulement les tâches de détection et isolation de défauts (module FDI), et donc nous n'avons pas besoin de l'identification du défaut. On a intérêt à commander le système sans tenir compte du type et forme du défaut. Se présente alors une gravité haute du défaut (défaillance) puisque la perte totale d'un composant (actionneur ou capteur aussi) a eu lieu. En considérant l'ensemble (1.72) la structure défaillante du système est composée par

$$C(\Theta_f) = C'_n(\Theta'_n) \cup C'_f(\Theta'_f), \qquad (1.74)$$

d'où $C'_n(\Theta'_n)$ représente la structure associée aux éléments sains qui restent après l'apparition du défauts et $C'_f(\Theta'_f)$ correspond à la structure associée aux éléments défaillants. Le module FDI détermine les éléments $C'_n(\Theta'_n)$ et donc l'ensemble (1.72) en mode défaillant est décrit sous la forme :

$$\{O, C'_n(\Theta'_n), \mathcal{U}_f\}. \qquad (1.75)$$

Donc la stratégie de reconfiguration permettra de commander le procédé en mode dégradé (solution à (1.75) au travers de $\mathcal{U}_f$), afin d'atteindre l'objectif O qui ne change pas.

Compte tenu de cette distinction, on trouve parfois dans la littérature que la tolérance aux défauts est obtenue en utilisant la reconfiguration du système de commande, même si ce qu'on a fait est d'accommoder le défaut. Puisqu'un système AFTC complet est fourni d'un module FDD, il va répondre aux défauts sans prendre en compte si le défaut est de type perte totale (on applique reconfiguration) ou partielle (on applique accommodation de défauts) des composants, à moins qu'il soit une partie d'un système de surveillance ou supervision, c'est-à-dire intégrant une structure d'actions planifiées [Wills *et al.*, 2001]. C'est pourquoi l'accommodation des défauts fait partie de la reconfiguration du système de commande et donc les termes de reconfiguration (souvent) et d'accommodation s'utilisent indistinctement [Krokavec et Filasová, 2008].

Remarquons que dans la description (1.72) la valeur de l'ensemble $\mathcal{U}$ dépend fortement des actionneurs, jouant un rôle important sur la tolérance aux défauts car d'eux dépend le succès de la reconfiguration ou l'accommodation appliquée. Pour cette raison nous allons aborder les effets et caractéristiques de défauts d'actionneurs pour la tolérance aux défauts.

1.3.3 Les défauts des actionneurs

Les actionneurs sont les responsables de la liaison entre les lois de commande et les actions physiques menées par le processus. C'est pourquoi ils sont connus sous le nom d'éléments de contrôle final [Isermann, 2006]. L'importance est telle, que les défauts sur les actionneurs sont souvent la cause majeure de la détérioration des performances d'un système de commande [Zhang et Jiang, 2002], [Zhang et Jiang, 2003]. D'un point de vue de la tolérance aux défauts et par rapport à la redondance matérielle, les actionneurs représentent des éléments très sensibles. La relation coût/fiabilité des actionneurs sur le système est inférieure à celle des capteurs, puisque les actionneurs sont dans la plupart des cas moins chers et plus fiables [Zhao et Jiang, 1998], [Jiang et Zhao, 2000], [Zhang et Jiang, 2002]. Les observateurs peuvent parfois être utilisés pour mesurer les variables afin d'obtenir une redondance analytique fiable [Frank, 1994], [Chen et Patton, 1999], [Isermann, 2006], [Liu, 2007], ce qui peut remplacer la fonction des capteurs réels. En conséquence, les actionneurs constituent un élément important.

En fonctionnement normal, les actionneurs reproduisent fidèlement les actions imposées par le régulateur et de cette façon l'on dit qu'ils sont 100 % efficaces en exécutant les lois de commande.

Mais quand un défaut se produit, l'effet des actionneurs diminue, donc il y a une perte de la valeur effective de sa fonction, autrement dit la relation entre la loi de commande et les actions de commande ne correspond plus [Zhang et Jiang, 2003] (voir figure 1.5).

Nous allons analyser des différentes représentations de défauts actionneurs utilisées dans le domaine de la tolérance aux défauts pour définir notre choix dans notre travail de recherche. De même pour présenter ensuite la reconfigurabilité selon cette représentation.

Le système nominal considéré en mode sans défaut est sous la forme :

$$\begin{cases} \dot{x}(t) & = Ax(t) + Bu_m(t) \\ y(t) & = Cx(t), \end{cases} \tag{1.76}$$

avec $x \in \mathbb{R}^n$, $y \in \mathbb{R}^m$ et $u_m \in \mathbb{R}^r$, étant l'état, la sortie et la commande (signal de commande manipulé), et $A \in \mathbb{R}^{n \times n}$, $B \in \mathbb{R}^{n \times r}$ et $C \in \mathbb{R}^{m \times n}$ les matrices associées à chacun. On peut représenter B comme $B = [b_1 \ b_2 \ \dots \ b_r]$ avec chaque colonne étant $b_i \in \mathbb{R}^n$, $1 \leq i \leq r$. Si le bouclage est par retour d'état, le gain est donné par :

$$u_m(t) = \begin{bmatrix} u_m^1(t) \\ u_m^2(t) \\ \vdots \\ u_m^r(t) \end{bmatrix} = Kx(t), \tag{1.77}$$

avec $K \in \mathbb{R}^{r \times n}$. Le modèle du système nominal bouclé est donné par :

$$\dot{x}(t) = (A + BK)x(t). \tag{1.78}$$

Comme représenté à la figure 1.5, le signal manipulé de commande u_m envoyé par l'actionneur dépend du signal de commande u_c, à savoir la loi de commande calculée. Il est à noter que cette représentation considère le rapport direct entre u_c et u_m sans tenir compte de la fonction transfert de l'actionneur. Nous pouvons donc considérer deux types de défauts (tout à fait indépendants de la loi de commande) : perte d'efficacité et biais. Bien sûr une combinaison des deux est possible. Cette illustration considère les défauts actionneurs compte tenu d'une dégradation de leur efficacité pour effectuer l'action commandée.

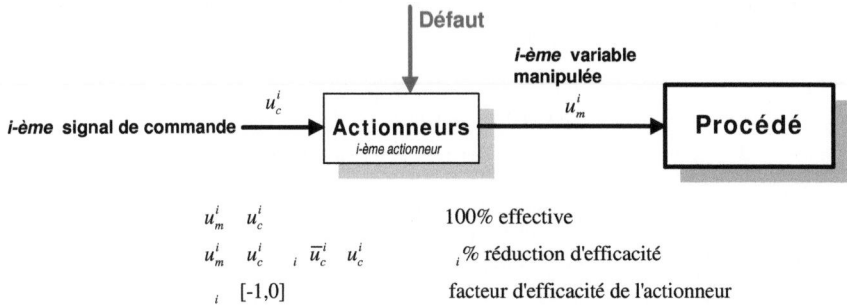

FIG. 1.5 – Représentation de l'efficacité/dégradation d'actionneurs

29

De cette façon les défauts actionneurs sont représentés sous la forme générale suivante [Zhao et Jiang, 1998], [Jiang et Zhao, 2000] :

$$u_m(t) = u_c(t) - \Gamma(\bar{u}_c - u_c(t)) \tag{1.79}$$

où $\bar{u}_c$ représente un biais du signal (un vecteur des valeurs constantes qu'on ne peut pas commander), la matrice $\Gamma = (L - I_r) = diag(\gamma_1, \gamma_2 \ldots \gamma_r)$ où γ_i représente le *facteur d'efficacité* [Wu et Chen, 2000], [Wu *et al.*, 2000a] de chaque actionneur. Sur la figure 1.5 nous illustrons le cas pour chaque i-ème actionneur. Si $\gamma_i = -1$ alors il y a un défaut total sur le i-ème actionneur. Si $-1 < \gamma_i < 0$ alors il y a une perte partielle de l'effet de la commande sur le i-ème actionneur. Évidemment, si les actionneurs opèrent normalement alors $\gamma_i = 0$ indique que le i-ème actionneur fonctionne correctement, soit au 100% (voir figure 1.5). Notons alors que $\gamma_i \in [-1, 0]$ et $\bar{u}_c$ représente un biais de l'actionneur souvent dû à la calibration entre commande-actionneur.

Le défaut de type perte d'efficacité peut être décrit comme une réaction partielle des actionneurs au signal de commande, c'est-à-dire, avec une certaine dégradation dans leur action sur le système [Zhang *et al.*, 2008]. Quand $u_c = 0$, le signal de commande u_m reste constant, et donc physiquement l'actionneur reste sur une position (collé ou coincé), entraînant une incapacité à commander le système à cause du biais fixe provoqué par cet actionneur. Notons que $\bar{u}$ est parfois vu comme un offset et donc négligé [Zhang et Jiang, 2003].

Également $\gamma \in [-1, 0]$ permet de différencier le type de commande tolérante aux défauts à utiliser selon la présentation faite à la section §1.3.2.2, p. 27. Prenons $\gamma \in \{-1, 0\}$; pour le cas défaillant avec $\gamma = -1$ une reconfiguration est envisagée et il suffit du module FDI afin de déterminer cette condition de défaut. Par contre, si $\gamma \in (-1, 0)$, alors une accommodation du défaut est requise et le module FDD est nécessaire afin de déterminer les caractéristiques (identification) du défaut. Afin de palier les deux situations ($\gamma \in [-1, 0]$), l'utilisation du module FDD est conseillé.

À partir de (1.79) nous pouvons décrire les défauts actionneurs sur le système en les considérant sous forme additive ou multiplicative. En utilisant (1.79) le modèle (1.76) est décrit sous la forme défaillante suivante :

$$\dot{x}_f(t) = Ax_f(t) + B_f u_c(t) - B\Gamma\bar{u}_c, \tag{1.80}$$

où f indique la condition en défaut et la matrice post-défaut B_f est donnée, en utilisant les facteurs d'efficacité γ_i, $i = 1, \ldots r$, par :

$$B_f = B(I_r + \Gamma), \qquad \Gamma = \begin{bmatrix} \gamma_1 & 0 & \cdots & 0 \\ 0 & \gamma_2 & \cdots & 0 \\ \vdots & \cdots & \ddots & \vdots \\ 0 & 0 & \cdots & \gamma_r \end{bmatrix}. \tag{1.81}$$

Notons que la partie multiplicative de (1.80) est B_f et la partie additive est $B\Gamma\bar{u}_c$. De forme générale posons :

$$\dot{x}_f(t) = Ax_f(t) + Bu_c(t) + F_f f_a(t), \tag{1.82}$$

où $f_a \in \mathbb{R}^r$. Compte tenu de (1.80) et (1.81) nous avons $F_f = -B\Gamma$ et $f_a = \bar{u}_c - u_c(t)$, où $\bar{u}_c^i$, $i = 1, \ldots, r$ est un vecteur concernant les actionneurs qui restent dans une position fixe ou qu'on ne peut pas commander. Cette dernière représentation permet donc de faire une analyse plus facile de la reconfiguration/accommodation sous la forme dite additive [Patton *et al.*, 1989], [Zhou *et al.*, 2004].

Dans ce qui suit et sans perte de généralité, nous considérons la représentation (1.82) avec $\bar{u}_c = 0$ et donc le modèle (1.76) est décrit sous la forme multiplicative suivante :

$$\dot{x}_f(t) = Ax_f(t) + B_f u_c(t), \tag{1.83}$$

où la matrice B_f est donnée par (1.81). À partir de la représentation (1.83) nous pouvons exprimer le système comme dépendant du *vecteur des facteurs d'efficacité* $\gamma = \begin{bmatrix} \gamma_1 & \gamma_2 & \cdots & \gamma_r \end{bmatrix}^T$. Réécrivons :

$$
\begin{aligned}
(B + B\Gamma)u_c(t) &= Bu_c(t) + B\Gamma u_c(t) \\
&= Bu_c(t) + \begin{bmatrix} b_1\gamma_1 & b_2\gamma_2 & \cdots & b_r\gamma_r \end{bmatrix} \begin{bmatrix} u_c^1(t) \\ u_c^2(t) \\ \vdots \\ u_c^r(t) \end{bmatrix} \\
&= Bu_c(t) + BU(t)\gamma \\
&= B(\gamma)u_c'(t),
\end{aligned}
\tag{1.84}
$$

où

$$
U(t) = \begin{bmatrix} u_c^1(t) & 0 & \cdots & 0 \\ 0 & u_c^2(t) & \cdots & 0 \\ \vdots & \cdots & \ddots & \vdots \\ 0 & 0 & \cdots & u_c^r(t) \end{bmatrix},
\tag{1.85}
$$

et

$$
\gamma = \begin{bmatrix} \gamma_1 \\ \gamma_2 \\ \vdots \\ \gamma_r \end{bmatrix}, \qquad \gamma \in \Omega.
\tag{1.86}
$$

L'ensemble Ω représente l'*espace de défaillance des actionneurs* où se trouve chaque facteur d'efficacité γ_i lorsque les défauts se produisent [Wu *et al.*, 2000b]. La notation $B(\gamma)u_c'(t)$ nous permet d'exprimer (1.76) sous la forme :

$$\dot{x}(t) = Ax(t) + B(\gamma)u_c'(t), \tag{1.87}$$

qui également est équivalente à :

$$\dot{x}(t) = Ax(t) + B(\gamma)u_c(t), \tag{1.88}$$

avec $B(\gamma) = B + B\Gamma$, c'est-à-dire B_f.

À partir de ces représentations des défauts actionneurs, le problème de la tolérance aux défauts se décrit à l'aide de l'ensemble (1.72) comme suit :

$$\{O, C_f(\gamma), \mathcal{U}_f\}, \tag{1.89}$$

où Θ_f a été remplacé par γ pour indiquer la dépendance seule de défauts actionneurs.

Compte tenu des représentations de défaut précédentes, la solution au problème de tolérance aux défauts pour la description de défauts actionneur peut être établie en considérant la reconfiguration/accommodation par la méthode de la pseudo-inverse.

La Méthode de la Pseudo-Inverse (*Pseudo Inverse Method–PIM*, en anglais) a été utilisée sous différentes formes puisqu'il s'agit d'une méthode relativement facile à appliquer. L'idée d'utiliser la pseudo-inverse de la matrice associée au vecteur de commande est une solution souvent utilisée pour effectuer la reconfiguration des systèmes dans le domaine aéronautique [Rauch, 1994]. Dans ces systèmes, les actionneurs sont redondants, alors une solution directe est l'utilisation de la pseudo-inverse de la matrice B [Huo *et al.*, 2002]. Il s'agit d'une solution évidente étant donné que dans ces systèmes la loi de commande est basée sur une *distribution de la commande* (*control allocation*, en anglais) [Bakaric *et al.*, 2003] [Huo *et al.*, 2002], [Zhang *et al.*, 2008].

L'idée de base est d'approcher au mieux le système nominal en boucle fermée au système défaillant en boucle fermée. Si le système avec défauts type actionneurs est représenté sous la forme multiplicative (1.83), nous considérons un nouveau gain de commande pour le bouclage en défaut :

$$u_c(t) = K_f x_f(t), \qquad (1.90)$$

avec lequel le système en boucle fermée s'exprime sous la forme :

$$\dot{x}_f(t) = (A + B_f K_f) x_f(t). \qquad (1.91)$$

Nous cherchons, en utilisant le système nominal (1.78) et défaillant (1.91), à faire en sorte que les systèmes aient des comportements identiques, c'est-à-dire :

$$(A + B_f K_f) = (A + BK), \qquad (1.92)$$

dont la solution est :

$$K_f = B_f^+ BK. \qquad (1.93)$$

Cette formulation a été utilisée pour des systèmes avec une redondance d'actionneurs [Rauch, 1994] et aussi pour la distribution de la commande [Huo *et al.*, 2002], [Bakaric *et al.*, 2003].

Si le système affecté par défauts sur les actionneurs se trouve sous la représentation (1.82), l'égalité entre celle-ci et (1.76) nous permet d'obtenir :

$$Bu_m = Bu_c(t) + F_f f_a(t). \qquad (1.94)$$

La commande en cas de défauts se fait de façon similaire à ce que nous avons fait pour obtenir l'équation (1.93). Donc quant à la nouvelle commande après défauts nous trouvons :

$$\begin{aligned} u_c(t) &= B^+(Bu_m(t) - F_f f_a(t)) \\ &= u_m(t) - B^+ F_f f_a(t) \\ &= u_m(t) + u_d(t). \end{aligned} \qquad (1.95)$$

Donc, cette loi de commande est considérée comme une commande additive $u_d(t) = -B^+ F_f f_a(t)$ ajoutée à la commande nominale $u_m(t)$ afin d'annuler l'effet du défaut sur le système. Il s'agit d'une commande *compensatrice*. Sous ce principe, plusieurs méthodes de tolérance aux défauts du type plutôt accommodation de défauts, ont été proposées en considérant l'estimation de $f_a(t)$ par l'espace de parité [Noura et al., 2000], des observateurs [Theilliol et al., 1998], [Sauter et al., 1998], [Noura et al., 1999], et des filtres de Kalman [Sauter et al., 2005], [Jiang et Chowdhury, 2005].

Dans les systèmes où la matrice C n'est pas de rang complet, la commande considérée devra se synthétiser par retour de sortie. Dans ce cas, une méthode de reconfiguration optimale itérative a été proposée dans [Konstantopoulos et Antsaklis, 1999]. Également a été proposée par [Kanev et Verhaegen, 2000] l'application d'une combinaison de commandes linéaires quadratiques en utilisant des inégalités matricielles linéaires (*linear matrix inequality*–LMI, en anglais). Une méthode considérant plusieurs contraintes sur la forme de la matrice B a été présentée dans [Blanke et al., 2006]. Ces méthodes, plutôt de reconfiguration, considèrent que la structure du système défaillant est bien connue, c'est-à-dire un module idéal de FDD fournit toute l'information des défauts.

La méthode de la pseudo-inverse sera reprise au chapitre suivant pour proposer une stratégie de reconfiguration de défauts actionneur basée sur ce principe.

Dans la section suivante sont présentées des différentes mesures proposées dans la littérature qui ont pour objet de quantifier la capacité du système FTC à tolérer des défauts. La dégradation/efficacité des actionneurs est considérée afin d'évaluer cette capacité.

1.3.4 La reconfigurabilité des systèmes

En présence de défauts, les systèmes commandés envisagent des pertes de performance et, dans le pire des cas, peuvent devenir instables. Nous avons montré que si le système reste commandable, alors une solution de type accommodation peut s'appliquer. En revanche, si la perte d'un élément de commande survient, il faut envisager une reconfiguration. Afin de choisir le type de tolérance aux défauts à appliquer, et surtout, de connaître la limite où le système peut récupérer sa fonctionnalité (ce qui entraîne la question de combien le système peut-il résister en présence de défauts), on a besoin de mesurer sa capacité de tolérance aux défauts. De façon générale on parle d'une analyse de la reconfigurabilité, qui consiste alors à voir dans quelle mesure les propriétés basiques du système, telles que l'observabilité et la commandabilité, restent inchangées en présence de défauts (ou défaillances).

L'étude de la reconfigurabilité définit la potentialité et les limites de la commande utilisée en présence de défauts. Il s'agit d'un outil pour la conception des systèmes de commande avant leur mise en œuvre [Wu et al., 2000b], mais également pour l'analyse des systèmes en opération en considérant les possibles défauts attaquant le système.

Yang [Yang, 2006] a divisé les mesures de reconfigurabilité en deux groupes :

    i) reconfigurabilité intrinsèque du système, elle est liée à la structure du système isolé, c'est-à-dire, en boucle ouverte ;

    ii) reconfigurabilité basée sur la performance, la reconfigurabilité peut être liée au type de commande utilisé par rapport à un critère de performance choisi.

Cette dernière classification nous permet de constater que la reconfigurabilité est donc liée aux défauts actionneurs puisque la fonctionalité de la commande dépend des actionneurs, comme nous l'avons vu à la section précédente.

Afin de présenter les mesures proposées dans la littérature pour quantifier la tolérance aux défauts des systèmes, nous utilisons l'espace de défaillance Ω des actionneurs, lequel a été présenté à la section §1.3.3 (p. 31) et qui dépend du vecteur des facteurs d'efficacité avec éléments γ_i, $i = 1, \ldots r$. La représentation donnée par (1.84)-(1.87) permet de quantifier la tolérance aux défauts par rapport à l'efficacité des actionneurs. Si $\gamma = 0$ alors $u = u_m = u_c$ représente le cas normal sans défauts.

1.3.4.1 Reconfigurabilité intrinsèque

Dans ce cas, la reconfigurabilité peut être vue comme une propriété du système, et donc être liée à la commandabilité. Eva Wu et al. [Wu *et al.*, 2000c], [Wu *et al.*, 2000b] ont défini la reconfigurabilité comme la propriété du système en boucle ouverte qui dépend des modes du second ordre du système. Ces modes sont définis à partir des grammiens de commandabilité et d'observabilité du système. Ces grammiens ont déjà été présentés (§1.1.1, p. 6). Rappelons que les grammiens de commandabilité W_c et d'observabilité W_o par rapport au système (1.87) sont les solutions de chacune des équations de Lyapunov suivantes :

$$AW_c + W_c A^T + BB^T = 0 \tag{1.96a}$$
$$A^T W_o + W_o A + C^T C = 0. \tag{1.96b}$$

Chacune de ces équations est résolue afin de trouver une valeur nominale de W_c et de W_o. Une fois les deux valeurs obtenues, les modes du second ordre sont calculés. Pour ce faire, la définition suivante, *pour systèmes stables*, est utilisée.

Définition 1.4. *[Moore, 1981] Les modes du second ordre sont les éléments positifs φ_i^2, $i = 1, \ldots n$ tels que :*

a) $\varphi_1^2 \geq \varphi_2^2 \geq \cdots \varphi_n^2$,

b) $\varphi_i^2 = \lambda_i (W_c W_o)$,

où λ_i représente la valeur propre de $(\cdot)$. $\triangle$

Les racines carrées des modes du second ordre sont connues comme les *valeurs singulières de Hankel* et elles restent inchangées par rapport à n'importe quelle transformation linéaire utilisée [Moore, 1981].

La reconfigurabilité est définie comme une fonction des valeurs du facteur d'efficacité γ_i en considérant les valeurs singulières de Hankel, comme suit.

Définition 1.5. *[Wu et al., 2000b] Soit γ le vecteur des facteurs d'efficacité qui est représenté dans l'espace de défaillances d'actionneurs tel que $\gamma \in \Omega$, alors la reconfigurabilité ϱ du système (1.87) dans l'espace Ω est :*

$$\varrho = \min_{i, \gamma \in \Omega} \{\varphi_i(\gamma)\} \tag{1.97}$$

pour $i = 1, \ldots n$. $\triangle$

Constatons que dans le cas normal, sans défauts, la valeur de γ est zéro et les grammiens sont calculés directement à partir du système original. En fait, si nous considérons le problème de la tolérance aux défauts (1.89) cette reconfigurabilité change par rapport à $C_f(\gamma)$.

Ce type de reconfigurabilité a été utilisé pour la conception de commandes tolérantes aux défauts afin d'établir une redondance sur le système de commande général de façon similaire aux méthodes de placement optimal de capteurs [Wu *et al.*, 2006]. Pour ce faire, il est considéré un indice relatif entre la valeur nominale de la reconfigurabilité du système et celle obtenue une fois faite l'addition de capteurs redondants. Puis, la mesure relative est donnée comme un quotient entre la valeur obtenue ($\varrho_{\text{pire cas}}$) avec la perte totale d'un capteur (redondant) et la valeur nominale avec capteurs non redondants ($\varrho_{\text{cas nominal}}$) :

$$\varrho_r = \frac{\varrho_{\text{pire cas}}(\gamma)}{\varrho_{\text{cas nominal}}(\gamma)}. \tag{1.98}$$

La valeur maximale de reconfigurabilité relative obtenue avec la combinaison de capteurs redondants représentera la meilleure combinaison de ceux-ci. La mesure considère la perte totale du capteur, c'est-à-dire, $\gamma_i = 1$. Il s'agit donc de trouver une combinaison de capteurs améliorant la reconfigurabilité ou, au moins, la préservant dans le cas de la perte d'un capteur.

La mesure de reconfigurabilité (1.97) a aussi été utilisée pour l'évaluation des commandes tolérantes aux défauts afin de connaître hors-ligne la capacité espérée du système face aux défauts [Wu *et al.*, 2000b]. Elle a également été utilisée pendant l'étape de conception de la commande pour définir une commande mieux adaptée à certaines conditions défaillantes [Wu et Ju, 2000b], [Wu et Ju, 2000a].

Les grammiens de commandabilité et d'observabilité ont été utilisés pour proposer la recouvrabilité [Frei *et al.*, 1999]. Un système est *recouvrable* si celui-ci est capable de récupérer ses fonctions normales d'opération. Dans ce contexte, la mesure de cette capacité est évaluée par :

$$\varphi_c(\gamma) = \frac{det\,(W_c)}{det\,(W_c(\gamma))}, \tag{1.99}$$

où $det(\cdot)$ représente le déterminant d'une matrice. La valeur de φ_c est proposée afin de quantifier le degré d'excitation du système après l'apparition de défauts.

1.3.4.2 Reconfigurabilité basée sur la performance

Dans ce cas la reconfigurabilité est liée à la performance du système selon un critère choisi. Staroswiecki [Staroswiecki, 2002], [Staroswiecki, 2003] a proposé la reconfigurabilité sur la base d'un critère de commande optimale en boucle fermée. Il considère que la reconfigurabilité est plutôt une mesure de la qualité de la commande à atteindre ses objectifs de commande. Cela signifie que l'ensemble $\mathcal{U}_f$ est évalué afin d'atteindre l'objectif O dans la représentation (1.89).

Considérons la commande en boucle fermée par retour d'état (1.77). Le critère optimal linéaire quadratique suivant est utilisé :

$$\mathcal{J} = \int_0^\infty \left(x^T Q x + u^T R u \right)\, dt, \tag{1.100}$$

35

où $Q = Q^T \geq 0$, $R = R^T > 0$ sont des matrices de conception pour satisfaire les spécifications de performance. Le gain optimal s'obtient à partir de la solution stabilisante $P = P^T \geq 0$, celle-ci est obtenue comme solution de l'équation algébrique de Riccati :

$$PA^T + AP - PBR^{-1}B^T P + Q = 0. \tag{1.101}$$

La commande optimale est donnée par :

$$K = -R^{-1}B^T P, \tag{1.102}$$

et le critère J est $J = x(0)^T P x(0)$, où $x(0)$ représente la condition initiale de l'état. Supposons maintenant que $R = I$ et $Q = 0$ et nous prémultiplions et postmultiplions (1.101) par P^{-1}, il vient :

$$A^T P^{-1} + P^{-1}A - BB^T = 0. \tag{1.103}$$

Prenons $W_c = -P^{-1}$, ce qui permet d'exprimer l'équation de Lyapunov sous la forme reconnue :

$$W_c A^T + A W_c + BB^T = 0, \tag{1.104}$$

et de cette façon le gain de retour d'état s'exprime ainsi :

$$K = -B^T W_c^{-1}. \tag{1.105}$$

La reconfigurabilité relative σ_r basée sur la performance est définie en fonction de W_c (obtenu de la solution de (1.104)) comme suit : :

$$\sigma_r = \max_{\|x_0\|=1} \left\{ \lambda_i \left(W_c^{-1}(\gamma) \right) \right\}, \, i = 1, \ldots, n, \tag{1.106}$$

où $\|x_0\| = \sqrt{x_0^T x_0}$.

   Également le critère optimal complet (1.100) peut être utilisé afin de définir la reconfigurabilité relative par rapport à la commande utilisée (1.102) [Staroswiecki, 2003].

   La contribution de tous ces travaux par rapport à la quantification du niveau de tolérance aux défauts est de trouver un moyen pour établir, dès la conception de la commande nominale, le positionnement de capteurs et actionneurs afin de fournir au système un degré de tolérance aux défauts nominal. De cette façon le système peut être plus efficace contre les possibles défauts en utilisant n'importe quelle stratégie de tolérance aux défauts. Cette analyse s'effectue hors ligne.

   Également, les mesures ϱ et σ_r sont rapportées aussi au degré de redondance existant dans le système. Nous pouvons constater que les mesures sont applicables de même aux systèmes tolérants passifs. La reconfigurabilité du système peut être mesurée aux termes du nombre de capteurs ou actionneurs perdus. En effet, une combinaison de capteurs/actionneurs peut rendre le système plus tolérant que d'autre. Néanmoins, cette combinaison est restreinte et la mesure peut servir seulement d'élément avertisseur de combien de dégradation ou perte d'un composant est tolérable avant de reconfigurer/accommoder, ou bien, arrêter l'opération du système.

   Les mesures de reconfigurabilité présentées dans cette section sont fondées sur le concept du grammien (de commandabilité et d'observabilité). Ceci représente une base énergétique puisque comme nous l'avons vu, les grammiens sont rapportés à une interprétation énergétique, qui d'un point de vue général s'exprime sous la forme de l'information du second ordre. Nous nous intéressons à cet aspect et nous allons le développer dans ce qui suit.

Premièrement, nous présenterons la forme dans laquelle cette information peut être synthétisée en boucle fermée et comment elle peut être utilisée dans des stratégies de reconfiguration en cas de défauts actionneurs. Nous reprendrons le concept de reconfigurabilité. Puis celle-ci est considérée afin de la mesurer en ligne en considérant les aspects énergétiques sur lesquels elle est fondée. En tant qu'information du second ordre, la reconfigurabilité sera utilisée pour définir un indice de performance pour évaluer la capacité du système à retrouver ses performances initiales lorsqu'il est affecté par des défauts d'actionneurs.

1.4 Conclusion

Ce premier chapitre a été consacré à la présentation de la base de notre étude. Nous avons examiné quelques concepts de base qui concernent principalement l'interprétation énergétique des excitations affectant un système linéaire. À partir de cela nous avons défini l'information du second ordre et comment celle-ci peut être modifiée ou assignée par retour d'état.

Nous avons montré que cette information, dans le contexte déterministe, peut être utilisée dans le domaine de la tolérance aux défauts comme une mesure de la capacité du système face aux défauts, mesure autrement connue sous le nom de reconfigurabilité. Celle-ci est plutôt liée aux actionneurs d'un système de commande et donc rapportée aux défauts qui se produisent dans ces éléments. Comme présenté, les défauts sur les actionneurs sont d'une importance telle qu'il y a plusieurs travaux concernant leur étude dans le domaine de la tolérance aux défauts. Nous avons présenté l'état de l'art concernant ce type de défauts, dont la méthode de la pseudo-inverse est une forme de reconfiguration/accommodation de défauts souvent trouvée pour résoudre cette problématique.

En considérant ce bref état de l'art, nous allons aborder la problématique de la tolérance aux défauts pour défauts actionneurs en utilisant l'information du second ordre déterministe afin de faire la synthèse de la commande sans et avec défauts. L'utilisation de cette information dans le domaine de la tolérance aux défauts est liée à la reconfigurabilité, justifiant ainsi notre intérêt pour la mesurer en ligne et également interpréter sa synthèse en boucle fermée.

Chapitre 2

Calcul de l'information du second ordre à partir de données entrée/sortie

Ce chapitre a pour but de proposer un indice de reconfigurabilité du système pour évaluer l'impact des défauts. La reconfigurabilité est basée sur le grammien de commandabilité W_c, à savoir l'information du second ordre X. En continuité avec la dernière partie du chapitre précédent, nous considérons tout d'abord les deux principales mesures de reconfigurabilité trouvées dans la littérature afin de justifier l'indice que nous proposons en fonction de l'information du second ordre. Nous proposons de calculer ce dernier à partir des données entrée/sortie obtenues des grandeurs du système. Pour ce faire, dans la troisième section nous proposons premièrement d'utiliser la réponse aux conditions initiales du système. De cette façon l'information du second ordre est calculée directement à partir de la grandeur de sortie dès que l'origine (régime permanent) est parvenue.

Dans la quatrième section, nous proposons un algorithme d'identification afin d'utiliser les données entrée/sortie pour calculer de façon indirecte, mais en-ligne, l'information du second ordre. Nous proposons l'utilisation d'un observateur permettant une utilisation pratique mieux adaptée à l'obtention des résultats. Nous présenterons ainsi une forme de calcul en-ligne de l'information du second ordre et donc de l'indice afin de surveiller le système ou bien pour évaluer sa capacité dans le cas de défauts actionneurs. La section 5 présente la demarche à suivre afin de comparer les indices obtenus en ligne et hors ligne (valeurs attendues). La section 6 est consacrée à un exemple académique afin de montrer l'utilisation de l'algorithme de calcul indirecte proposé ainsi comme de l'indice. Le chapitre se termine par une section proposant l'algorithme et l'indice développés afin de déterminer l'impact des défauts et retards sur les systèmes commandés en réseau.

2.1 Introduction

Nous avons vu au chapitre 1 (§1.3.4.1, p. 34) que la reconfigurabilité d'un système linéaire représente sa capacité de restauration des performances en présence de défauts. Cela concerne de façon naturelle la capacité des éléments en charge (actionneurs) d'amener le système vers les conditions dynamiques imposées par la commande utilisée. C'est pour cela que la reconfigurabilité est une propriété qui concerne plutôt les actionneurs. En fait, les mesures de reconfigurabilité sont basées sur le grammien de commandabilité.

Nous nous sommes intéressés à la reconfigurabilité parce qu'elle est liée à l'information du second ordre (ISO), c'est-à-dire au grammien de commandabilité. Nous proposons un indice qui représente de forme générale les deux principales mesures proposées dans la littérature qui, comme nous le présenterons, sont proportionnelles. L'utilisation de l'indice et également de la reconfigurabilité permettant l'évaluation de la capacité *a priori* du système et donc d'anticiper la performance lors de l'apparition de défauts.

D'autre part, une évaluation en-ligne permettrait un suivi de la capacité réelle sous certaines conditions actuelles. Afin d'évaluer l'indice proposé, non seulement hors-ligne, nous proposons aussi deux façons de le calculer en-ligne. Cela représente quelques avantages pratiques et d'analyse quand le système travaille normalement, comme par exemple de surveiller sa capacité réelle sous la possible condition de défaillance déjà présente. Partie des résultats de l'étude qui suit, concernant l'indice proposé et son calcul en-ligne, a paru dans [González-Contreras *et al.*, 2009].

2.2 La reconfigurabilité comme mesure de tolérance aux défauts

Afin de calculer l'information du second ordre, nous considérons par la suite le grammien de commandabilité dans le cas discret. Néanmoins, la description est aussi valide pour des systèmes continus.

Soit le système linéaire invariant discret représenté dans l'espace d'état sous la forme suivante :

$$\begin{cases} x(k+1) & = Ax(k) + Bu(k) \\ y(k) & = Cx(k), \end{cases} \qquad (2.1)$$

où la dépendance des variables du k-ième instant d'échantillonnage considère la période d'échantillonnage donnée par h. Les vecteurs sont définis comme $x(k) \in \mathbb{R}^n$, $u(k) \in \mathbb{R}^r$, $y(k) \in \mathbb{R}^m$ et les matrices sont $A \in \mathbb{R}^{n \times n}$, $B \in \mathbb{R}^{n \times r}$, $C \in \mathbb{R}^{m \times n}$.

Ce modèle de référence est utilisé pour l'analyse de reconfigurabilité qui suit.

2.2.1 La reconfigurabilité et le grammien de commandabilité

Nous avons vu au Chapitre 1 que le grammien de commandabilité W_c représente une hyper-ellipsoïde explicitant les états atteignables pour une énergie donnée à l'entrée [Moore, 1981]. Les axes de cette ellipsoïde dépendent des vecteurs singuliers du grammien. La longueur de chacun de ces axes est obtenue à partir des valeurs singulières de ce même grammien [Sreeram et Agathoklis, 1992]. En conséquence les différentes longueurs de ces axes indiquent que certaines directions sont plus commandables que d'autres [Zhou *et al.*, 1996].

Nous allons approfondir et justifier nos propos en considérant les différentes définitions suivantes.

Définition 2.1. *[Bernstein, 2005] Soient* $\lambda_1, \cdots \lambda_n$ *les valeurs propres d'une matrice carrée* $W_c \in \mathbb{R}^{n \times n}$*, et soit*

$$\rho(W_c) = \max_{1 \leq i \leq n} |\lambda_i|, \tag{2.2}$$

où $|\cdot|$ *représente l'amplitude (valeur absolue) de la valeur propre. La valeur constante* $\rho(W_c)$ *est appelée* rayon spectral *de* W_c. $\triangle$

En utilisant la norme vectorielle :

$$\|x\| = \sqrt{\sum_{i=1}^{n} |x_i^2|}, \tag{2.3}$$

nous considérons maintenant la définition de la *norme euclidienne induite*.

Définition 2.2. *[Zhou et al., 1996], [Bernstein, 2005] Soit une matrice carrée* $W_c \in \mathbb{R}^{n \times n}$ *rapportée à un vecteur* $x \in \mathbb{R}^n$ *dans une fonction linéaire* Ax, $x \in \mathbb{R}^n$*. La norme euclidienne induite* $\|\cdot\|$ *est définie par :*

$$\|W_c\| = \max_{\|x\|=1} \|Ax\|. \tag{2.4}$$

où $\|x\|$ *est la norme vectorielle.* $\triangle$

Dans le cas général, où l'évaluation de la norme est directement sur la matrice W_c, nous utilisons la définition suivante.

Définition 2.3. *[Zhou et al., 1996] La* norme matricielle induite $\|\cdot\|$ *pour une matrice carrée* $W_c \in \mathbb{R}^{n \times n}$ *est définie par :*

$$\|W_c\| = \bar{\sigma}(W_c) \tag{2.5}$$

qui est aussi connue comme la norme spectrale *de la matrice* W_c*.* $\bar{\sigma}$ *représente la plus grande valeur singulière de la matrice* W_c*.* $\triangle$

Les *valeurs singulières* de W_c sont obtenues à partir de la décomposition en valeurs singulières (*Singular Value Decomposition*–SVD, en anglais).

Dans le cas du grammien de commandabilité pour un système stable, la matrice W_c est définie positive, symétrique et réelle, cela signifie que les amplitude (les valeurs absolues) de ses valeurs propres sont égales aux valeurs singulières, et par conséquence :

$$\rho(W_c) = \|W_c\|. \tag{2.6}$$

Notons que dans le contexte de l'hyperellipsoïde obtenue à partir de W_c, la valeur de la norme induite de W_c représente l'axe de l'état le plus excité (cf. figure 1.1 au Chapitre 1), alors que la propriété de commandabilité diminue si cet axe décroît en amplitude en raison d'un défaut. Cette norme représente l'état le moins excité et donc le plus susceptible de se dégrader en présence d'un défaut. Il représente le mode le plus dégradé par rapport au fonctionnement du système si un défaut se produit.

L'inverse de cette norme représente donc l'énergie maximale consommée par le système dans la direction la moins commandable et, comme dans le cas précédent, elle dénote l'état le moins excité. Cette direction est la plus représentative du système dans le cas d'une dégradation dans le fonctionnement du système.

Notons donc une équivalence entre les mesures de reconfigurabilité proposées dans [Frei *et al.*, 1999], [Wu *et al.*, 2000b] et [Staroswiecki, 2002] (présentées au Chapitre 1). Toutes ces mesures convergent vers la représentation du grammien de commandabilité selon l'exposition ci-dessus. En fait, la reconfigurabilité proposée par Wu [Wu *et al.*, 2000b] est inversement proportionnelle au critère de Staroswiecki [Staroswiecki, 2002] dans un même espace de coordonnées d'état, comme nous allons le présenter ensuite.

2.2.2 Equivalence entre les mesures de la reconfigurabilité

Dans cette section nous allons présenter quelques arguments qui nous permettent de trouver une équivalence entre les mesures de la reconfigurabilité trouvées dans la littérature de la tolérance aux défauts, lesquelles ont été déjà abordées au Chapitre 1.

Tout d'abord nous considérons le critère proposé dans [Staroswiecki, 2002] où l'inverse de la valeur (2.6) est utilisé et cela représente l'état qui consomme le plus d'énergie [Staroswiecki, 2003]. Le critère choisi pour mesurer cette consommation de l'énergie conformément aux équations (2.2)–(2.5) s'écrit sous la forme :

$$J(x_0) = \max_{\|x_0\|=1} \left\{ \lambda_i(W_c^{-1}) \right\}, \quad i = 1, \ldots, n, \tag{2.7}$$

où λ_i représente la valeur propre de $(\cdot)$ et $J(x_0)$ représente la consommation d'énergie pour emmener l'état x_0 (le cas défaillant, par exemple) vers 0 et W_c représente le grammien de commandabilité du système (2.1). Cette reconfigurabilité (basée sur performance) est celle présentée au §1.3.4.2, p. 36. Nous avons constaté avec (2.6) que (2.7) est équivalent à :

$$J(x_0) = \left[\min_{\|x_0\|=1} \left\{ \lambda_i(W_c) \right\} \right]^{-1}, \tag{2.8}$$

et que sans perte de généralité celle-ci (en considérant (2.5)) peut s'écrire sous la forme :

$$\sigma = \max_i \left\{ \lambda_i\left(W_c^{-1}\right) \right\} = \left[\min_i \left\{ \lambda_i(W_c) \right\} \right]^{-1}, \quad i = 1, \ldots, n, \tag{2.9}$$

où σ représente l'énergie maximale consommée par les actionneurs [Blanke *et al.*, 2006].

Nous revenons au critère de Wu [Wu *et al.*, 2000b] afin de montrer la relation qui existe avec le critère que nous venons de présenter. Si le système (2.1) est représenté sous la forme équilibrée, nous avons les matrices du système (A_b, B_b, C_b) qui sont données par :

$$A_b = T_b A T_b^{-1}, \quad B_b = T_b B, \quad C_b = C T_b^{-1}, \tag{2.10}$$

où la matrice régulière de transformation T_b est calculée comme indiqué à l'Annexe A.

Cette forme dite *équilibrée* [Moore, 1981], permet d'évaluer les grammiens de forme générale et elle montre l'affectation des entrées sur les états et les états sur les sorties. Autrement dit, le grammien de commandabilité est égal au grammien d'observabilité. Ainsi, dans une représentation équilibrée :

$$W_c^b = W_o^b = \Sigma = \begin{bmatrix} \varphi_1 & 0 & \cdots & 0 \\ 0 & \varphi_2 & \cdots & 0 \\ \vdots & \vdots & \ddots & \vdots \\ 0 & \cdots & 0 & \varphi_n \end{bmatrix}, \tag{2.11}$$

où W_c^b est le grammien de commandabilité équilibré et W_o^b est le grammien d'observabilité équilibré.

Les *valeurs singulières de Hankel* φ_i, $i = 1, \ldots n$ sont ordonnées et obtenues comme suit :

a) $\varphi_1 \geq \varphi_2 \geq \cdots \varphi_n$,

b) $\varphi_i = \sqrt{\lambda_i (W_c W_o)}$,

où λ_i représente la valeur propre de $(\cdot)$ et W_o est le grammien d'observabilité par rapport au système (2.1).

En utilisant la matrice de transformation T_b nous obtenons :

$$T_b W_c T_b^T = T_b^{-T} W_o T_b^{-1} = \Sigma, \tag{2.12}$$

où $^{-T}$ représente la transposition de la matrice inverse. De cette forme les grammiens montrent la même relation d'énergie entre les excitations/états et entre les états/sorties. Dans la figure 2.1 s'illustre l'interprétation des grammiens sous la forme équilibrée.

La *reconfigurabilité* ϱ est définie par (cf. §1.3.4, p. 34) :

$$\varrho = \min \left\{ \sqrt{\lambda_i (W_c W_o)} \right\} = \min_i \{\varphi_i\}. \tag{2.13}$$

Observons que les valeurs φ_i correspondent aux valeurs sur la diagonale principale des grammiens de la représentation équilibrée (2.11), soit les *valeurs singulières de Hankel*. (consulter §1.3.4.1, p. 34). Donc, si W_c^b représente le grammien équilibré alors

$$\varrho = \underline{\sigma}(W_c^b) = \min \left\{ \lambda_i(W_c^b) \right\}, \tag{2.14}$$

où, de forme contraire au cas présenté dans l'équation (2.5), $\underline{\sigma}$ représente la plus petite valeur singulière de la matrice W_c^b. Par conséquence, dans les mêmes coordonnées équilibrées :

$$\sigma = \frac{1}{\varrho}. \tag{2.15}$$

Ce résultat nous dit que la reconfigurabilité proposée par Wu est l'inverse de la reconfigurabilité proposée par Staroswiecki dans le même espace coordonné équilibré.

En regardant la figure 2.1 nous constatons que lorsque le système est exprimé sous forme équilibrée, une seule représentation pour les grammiens est obtenue. Selon le critère de reconfigurabilité choisi, nous observons que l'état moins excité correspond au critère de Staroswiecki, et l'état plus excité au critère de Wu.

Les modes de second ordre (et en conséquence les valeurs singulières de Hankel) sont invariables pour n'importe quelle matrice de transformation [Moore, 1981], [Zhou *et al.*, 1996], [Wu *et al.*, 2000b]. Néanmoins, dans notre cas, nous choisissons le grammien de commandabilité dans les coordonnées originales du système parce que celles-ci représentent le modèle physique du système traité.

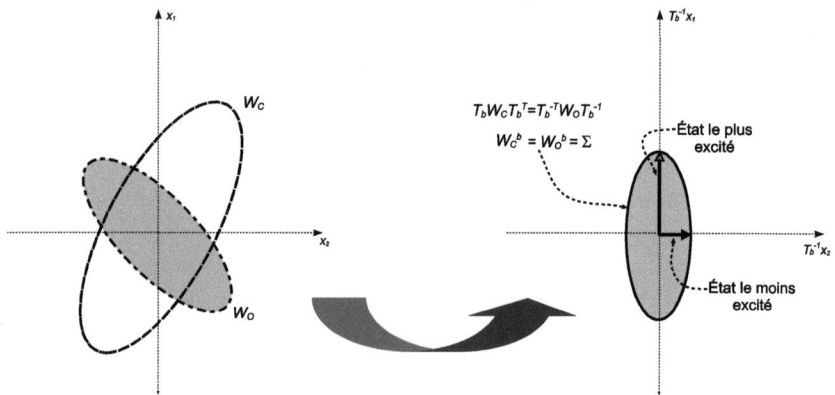

FIG. 2.1 – Interprétation énergétique des grammiens équilibrés.

2.3 Indice basé sur la reconfigurabilité

Tenant compte des remarques et des définitions précédentes, nous orientons notre choix sur la norme matricielle induite de la matrice W_c, afin d'utiliser la reconfigurabilité obtenue à partir des valeurs du grammien de commandabilité, comme proposé par [Staroswiecki, 2002], parce que la qualité du système peut être définie en termes d'énergie qu'il consomme. Nous proposons un indice représentant la reconfigurabilité du système en fonction de l'information du second ordre, à savoir le grammien de commandabilité. La reconfigurabilité basée sur le grammien de commandabilité est donc considérée afin d'indiquer si :

- il existe au moins une solution admissible par rapport à une énergie limite pour amener le système d'un état x_0 vers 0 selon $t \to \infty$, et
- le système en défaut est encore commandable pour appliquer l'accommodation de défauts ou la reconfiguration du système de commande.

L'indice proposé peut être pris en compte de façon générale puisque les défauts actionneurs affectent la reconfigurabilité, soit exprimé par σ ou par ϱ. Sans perte de généralité nous définissons l'indice en considérant σ dans l'espace coordonné du système original.

Nous proposons une normalisation afin de définir un indice qui représente la reconfigurabilité relative du système traité, comme suit :

$$Q_\sigma = \frac{\sigma_{max} - \sigma_{def}}{\sigma_{max} - \sigma_{min}}(\times 100\%), \tag{2.16}$$

où σ_{max} est la valeur supérieure de σ dans la pire situation en fonction de défauts, σ_{min} est la valeur inférieure de σ, c'est-à-dire, dans le cas normal sans défauts, et σ_{def} est la valeur de σ variant entre σ_{min} et σ_{max}, à savoir en défaut. Ces variations sont par rapport au vecteur de facteurs d'efficacité γ (§1.3.4, p. 31). Nous appelons Q_σ l'*indice basé sur la reconfigurabilité*.

Notons que les valeurs de Q_σ sont comprises entre $[100, 0]\%$ dû à la normalisation, où 100% représente la meilleure valeur et donc 0% la pire valeur.

Dans cet ordre d'idées nous pouvons ajouter la définition suivante d'admissibilité [Staroswiecki, 2003] afin d'établir une borne pour la valeur de l'indice Q_σ obtenue hors-ligne.

Définition 2.4. *Une solution pour le problème de commande en présence de défauts actionneurs est dite admissible par rapport à un objectif de commande si*

$$Q_\sigma \geqslant Q_a(x_0), \qquad (2.17)$$

où $Q_a(x_0)$ est un seuil prédéfini qui représente la perte maximale d'efficacité que le système peut admettre lorsque la commande solution est utilisée, à condition que celle-ci puisse atteindre l'objectif de la commande sous les conditions défaillantes. △

À noter que l'objectif de la commande atteignable dépend de la valeur admissible choisie, laquelle dépend de la valeur de W_c. De cette manière une borne supérieure uniforme pour la perte d'efficacité due à la défaillance est donnée en termes de W_c. Si nous considérons le cas spécifique $Q_a(x_0)$ comme dependant de $x_0 \in \mathbb{R}^n$, la borne supérieure uniforme est fonction de l'état initial x_0 quand il y a une perte d'efficacité dans le commande du système défaillant, avec l'objectif spécifique de la commande focalisé sur transférer le système de l'état x_0 à $x(\infty) = 0$.

En utilisant $Q_a(x_0)$ les valeurs des solutions ou les conditions d'opération admissibles peuvent être déterminées afin de limiter l'opération dans la pire des situations de défaillances. Par conséquent, le système de supervision doit choisir entre l'accommodation du défaut (re-calcul de la loi de commande), la reconfiguration du système ou l'arrêt du processus.

Le calcul de l'indice Q_σ peut s'effectuer hors-ligne ou en-ligne. Le premier cas est en fait la forme dont on trouve la reconfigurabilité utilisée dans la littérature de la tolérance aux défauts [Wu et Chen, 2000, Wu *et al.*, 2000b, Wu et Ju, 2000a, Wu *et al.*, 2006, Staroswiecki, 2002].

Nous proposons de *la calculer en-ligne*, afin de faire également en-ligne une analyse sur l'opération du système. Ceci permettrait de comparer les résultats espérés *a priori* lors de la phase de conception (hors-ligne) avec les résultats réellement obtenus en-ligne une fois le système fonctionnant normalement. Le bilan de capacité/intégrité du système peut se faire au niveau de la supervision dans une phase après l'apparition et donc la détection du défaut.

Remarque 2.1. Nous rappelons que l'exposition précédente est valide pour des grammiens dans une représentation en discret autant que dans une représentation en continu, puisque les limites énergétiques concernent la référence physique prise en compte pour déterminer les valeurs de Q_σ.

Remarque 2.2. Il est supposé que les variations concernent les actionneurs et donc qu'ils varient selon les variations dans le vecteur des facteurs d'efficacité γ (cf. §1.3.4, p. 31).

À l'effet de déterminer l'indice Q_σ à partir des données d'entrée et de sortie du système traité nous avons besoin de déterminer la valeur du grammien de commandabilité. Ceci peut se réaliser compte tenu des excitations affectant le système : conditions initiales ou/et excitations externes. Pour ce faire, le calcul de l'information du second ordre compte tenu de sa définition par rapport aux conditions initiales est premièrement abordé (calcul direct). Une technique d'identification est proposée ensuite comme calcul indirect.

2.4   Détermination de l'ISO par calcul direct

L'information du second ordre des systèmes discrets (également continus) peut être vue comme le grammien de commandabilité du système par rapport aux excitations externes et/ou par rapport aux conditions initiales. Cette notion a été présentée dans le Chapitre 1 (§1.2.2.3, p. 19). Nous rappelons la définition de l'ISO pour systèmes discrets :

Définition 2.5. *L'information du second ordre (grammien de commandabilité)* W_c^k *du système* (2.1) *est la solution de l'équation de Lyapunov suivante :*

$$AW_c^k A^T + BB^T + X_0 = W_c^k, \tag{2.18}$$

où

$$X_0 = diag\left(x_1^2(0), \cdots, x_n^2(0)\right), \tag{2.19}$$

avec $x_i(0)$, $i = 1, \ldots, n$ *comme conditions initiales.*   △

Cette forme générale de l'information du second ordre nous permet de considérer deux formes pour la calculer selon l'excitation appliquée au système. En effet, nous pouvons utiliser les conditions initiales $x_i(0)$ et de cette façon l'équation de Lyapunov (2.18) devient

$$AW_c^{k0} A^T + X_0 = W_c^{k0}, \tag{2.20}$$

où W_c^{k0} représente l'ISO ou grammien de commandabilité par rapport aux conditions initiales.

En utilisant une impulsion unitaire $\delta(t)$ nous revenons au grammien de commandabilité classique :

$$AW_c^{k\delta} A^T + BB^T = W_c^{k\delta}, \tag{2.21}$$

où $W_c^{k\delta}$ représente l'ISO ou grammien de commandabilité par rapport à l'impulsion $\delta(t)$. Avec l'information du second ordre nous pouvons considérer la réponse en régime libre du système où l'évolution du système est due à son état initial ; ou bien la réponse impulsionnelle ou bien les deux. Nous pouvons constater donc qu'en utilisant (2.18), et également (2.19) et (2.20), l'information du second ordre peut être calculée en utilisant la grandeur de sortie mais également à partir de données entrée/sortie.

L'information du second ordre peut être décrite en fonction de la grandeur de sortie si nous considérons que tous les états sont disponibles à travers des capteurs, c'est-à-dire, $C = I$ dans (2.1). De cette façon nous pouvons calculer W_c^k comme suit :

$$W_c^k = \sum_{i=1}^{n_t} \sum_{k=0}^{l} x(i,k)\, x^T(i,k), \quad n_t = n + r. \tag{2.22}$$

puisque $y(k) = x(k)$ tout au long de la séquence $k = 0, 1, \ldots, l$, étant l le total d'instants d'échantillonnage. La valeur n_t représente le nombre total d'excitations, à savoir, l'excitation externe $u(k)$ et les conditions initiales x_0. Nous observons qu'il s'agit de l'application du principe de superposition compte tenu de toutes les excitations affectant le système.

Mais l'utilisation des deux excitations n'est pas pratique parce que dans le cas de la réponse impulsionnelle, nous avons besoin de calculer la réponse due à chaque impulsion dans chaque canal d'entrée. Cela implique aussi l'utilisation du principe de superposition seul pour l'excitation impulsionnelle. De point de vue pratique, c'est un peut restrictif puisqu'il faut exciter r fois le système et puis prendre la mesure de la grandeur de sortie. Par contre, si nous utilisons la réponse en régime libre, nous pouvons calculer directement, à partir de la sortie du système, l'information du second ordre due aux conditions initiales. Dans la pratique, ceci peut se faire une fois pour chaque expérience de calcul de l'ISO.

La démarche à faire pour calculer le grammien de commandabilité en utilisant la réponse en régime libre se résume à :

1. Fixer un point de départ où les états du système sont bien connus.

2. Établir une durée de l'expérience afin de comparer les résultats avec ceux de l'équation (2.20).

3. Mesurer la grandeur de sortie afin d'enregistrer son évolution à chaque instant d'échantillonnage pendant la durée de l'expérience.

Afin d'accomplir les points ci-dessus, le système est supposé stable. De cette façon le système tend au point d'équilibre zéro.

Cependant, ce calcul encore est lourd par rapport au temps qu'il faut pour atteindre l'état d'équilibre dynamique du système. De même, on ne peut effectuer une évaluation qu'en initiant l'opération du système à partir d'un état initial bien connu, ce qui entraîne un arrêt et/ou un démarrage de l'opération.

Dans le but d'obtenir un meilleur calcul en termes pratiques, un calcul alternatif de forme indirecte est proposé ensuite, où nous proposons utiliser une méthode d'identification qui se base dans le même principe du grammien de commandabilité évoqué dans le Chapitre 1 (§1.1.2, 9).

2.5 Détermination de l'ISO par calcul indirect

L'information du second ordre due aux excitations externes, c'est-à-dire le grammien de commandabilité, peut être obtenue à partir d'une réalisation[1] du système (2.1) en utilisant des données entrée/sortie obtenues en-ligne. Cela représente donc un calcul indirect du grammien de commandabilité à travers une méthode d'identification.

Le plus grand nombre des méthodes classiques d'identification ont été développées pour des systèmes monovariables. Il est théoriquement possible de les appliquer à des procédés multivariables. Cependant, lorsque le nombre d'entrées et de sorties devient grand, l'utilisation de représentations polynomiales n'est pas évidente [Ljung, 1999]. En sus, ces algorithmes ne permettent pas d'avoir un accès direct à des variables telles que l'état du système, variables particulièrement utiles en filtrage (de Luenberger, de Kalman) ou en commande [Overschee et Moor, 1996] comme dans le cadre de cette thèse.

C'est pour cela que nous allons choisir une méthode qui s'inspire de la théorie de la réalisation[2] ayant pour objectif de fournir un modèle d'état discret, linéaire et invariant du système

---

[1] Une réalisation c'est une représentation du triplet (A, B, C) représentant un système dynamique, pour laquelle le modèle discret dans l'espace d'états (2.1) est satisfait.

[2] où l'objectif est de fournir une représentation d'état minimale (n'existe aucune réalisation de degré inférieur accessible).

étudié [Juang, 1994]. Ce modèle est ainsi estimé directement à partir des données d'entrée/sortie acquises.

Pour ce faire, nous proposons l'utilisation de la méthode par l'*algorithme de réalisation du système propre* (*eigensystem realization algorithm–ERA*, en anglais) [Juang et Pappa, 1985]. Il faut remarquer qu'il existe plusieurs méthodes qui se basent sur la théorie de la réalisation (consulter [Overschee et Moor, 1996] ou [Ljung, 1999]), cependant nous choisissons la méthode ERA parce qu'elle fournit un modèle d'état linéaire du système à partir des données d'entrée/sortie, sans besoin d'aucun algorithme d'optimisation non linéaire et en utilisant d'outils numériquement efficaces d'algèbre linéaire. De plus, cette méthode considère la réponse du système à des impulsions sur chacune des entrées, de la même manière comme requise pour le calcul du grammien de commandabilité (cf. équation (2.21)). Les méthodes de sous-espaces [Overschee et Moor, 1996] par exemple, ne considèrent pas cette réponse et dans le cadre de cette thèse il nous faut la considérer.

La réponse du système $y(k)$ à un signal externe $u(k)$ est décrite sous la forme :

$$\begin{aligned}
y(k) &= \sum_{i=1}^{k} CA^{i-1}Bu(k-i), \\
&= \sum_{i=1}^{k} M_i u(k-i)
\end{aligned} \tag{2.23}$$

où les paramètres M_i représentent la réponse impulsionnelle du système à l'entrée $u(k)$. À partir de l'équation (2.23) nous prenons les éléments M_i qui définissent les *paramètres de Markov* du système (2.1) :

$$M_i = CA^{i-1}B, \quad i = 1, 2, \ldots, l \tag{2.24}$$

où l représente le nombre total d'instants d'échantillonnage. Notons dans ce cas que, contrairement à celui présenté dans la dernière section, la réponse obtenue est celle due aux excitations appliquées en même temps, par conséquent nous n'avons pas besoin d'utiliser le principe de superposition. Ceci représente un premier avantage par rapport au calcul direct.

La méthode ERA utilise les paramètres de Markov du système obtenus à partir des données entrée/sortie afin de trouver les matrices (A, B, C) qui représentent le système (2.1). Nous nous intéressons à cette méthode parce qu'elle est fondée sur les mêmes principes que le grammien de commandabilité. La technique ERA exploite le fait que le signal d'entrée du système excite les états les plus commandables (et observables) et donc ils deviennent visibles. Elle mets en évidence la relation entrées/sorties du système. Afin d'y arriver nous utilisons le théorème suivant [Zhou *et al.*, 1996] :

Théorème 2.1. *Soient q et s deux entiers, et soit la matrice $H(i-1) \in \mathbb{R}^{mq \times rs}$, dite de Hankel généralisée, définie par :*

$$H(i-1) = \begin{bmatrix} M_i & M_{i+1} & \cdots & M_{i+s-1} \\ M_{i+1} & M_{i+2} & \cdots & M_{i+s} \\ \vdots & \vdots & \ddots & \vdots \\ M_{i+q-1} & M_{i+q} & \cdots & M_{i+q+s-2} \end{bmatrix}, \tag{2.25}$$

Si le système est commandable et observable, et si la matrice A est de rang plein, alors pour tout $q \geq n$ et tout $s \geq n$, le rang $\mathcal{R}(H(i-1)) = n$ (l'ordre du système). $\square$

À partir de cette matrice l'on peut trouver, en utilisant les paramètres de Markov, que par décomposition en valeurs singulières (SVD) elle est équivalente à :

$$H(i-1) = P_q A^{i-1} Q_s, \qquad (2.26)$$

où la matrice d'observabilité (P_q) et la matrice de commandabilité (Q_s) du système sont :

$$P_q = \begin{bmatrix} C \\ CA \\ \vdots \\ CA^{q-1} \end{bmatrix}, \; Q_s = \begin{bmatrix} B & AB & \cdots & A^{s-1}B \end{bmatrix}. \qquad (2.27)$$

Si le système est observable et commandable pour tout $q \geq n$ et tout $s \geq n$ le rang des matrices P_q, Q_s est n.

La méthode ERA utilise ces propriétés pour définir le système (A, B, C). La procédure pour obtenir ce dernier ensemble est la suivante. Pour $i = 1$ dans (2.25), la matrice de Hankel est :

$$H(0) = \begin{bmatrix} M_1 & M_2 & \cdots & M_s \\ M_2 & M_3 & \cdots & M_{s+1} \\ \vdots & \vdots & \ddots & \vdots \\ M_r & M_{r+1} & \cdots & M_{r+s-1} \end{bmatrix} = P_q Q_s \qquad (2.28)$$

et pour $i = 2$ elle est :

$$H(1) = \begin{bmatrix} M_2 & M_3 & \cdots & M_{s+1} \\ M_3 & M_4 & \cdots & M_{s+2} \\ \vdots & \vdots & \ddots & \vdots \\ M_{r+1} & M_{r+2} & \cdots & M_{r+s} \end{bmatrix} = P_q A Q_s \qquad (2.29)$$

D'où l'on déduit une solution pour A à partir des pseudo inverses des matrices P_q, Q_s sous la forme :

$$A = P_q^+ H(1) Q_s^+, \qquad (2.30)$$

où $^+$ représente la pseudo inverse généralisée d'une matrice. Puisque les matrices P_q et Q_s peuvent être calculées avec (2.28) en utilisant la SVD, nous obtenons :

$$\begin{aligned} H(0) &= U S V^T \\ &= U S^{1/2} S^{1/2} V^T, \end{aligned} \qquad (2.31)$$

Notons que la matrice S est une matrice rectangulaire avec

$$S = \begin{bmatrix} S_n & 0 \\ 0 & 0 \end{bmatrix} \qquad (2.32)$$

où $S_n = diag(\sigma_1, \sigma_2, \ldots, \sigma_n)$ avec $\sigma_1 \geq \sigma_2 \geq \ldots \geq \sigma_n \geq 0$, connues comme les valeurs singulières de $H(0)$, et où U et V sont des matrices orthogonales. Cette matrice contient des valeurs non nulles qui représentent les états caractérisant le système traité. À partir de (2.28) et (2.31) il vient

$$P_q = U S^{1/2} \quad \text{et} \quad Q_s = S^{1/2} V^T, \qquad (2.33)$$

et donc

$$P_q^+ = S^{-1/2}U^T \quad \text{et} \quad Q_s^+ = VS^{-1/2}. \tag{2.34}$$

On utilise (2.34) dans (2.30) pour obtenir la matrice A :

$$A = S^{-1/2}U^T H(1)VS^{-1/2}. \tag{2.35}$$

Notons que cette matrice A contient information de trop, cependant elle de rang n et elle représente la matrice du système. À partir de ce résultat nous pouvons envisager considérer n valeurs non nulles de (2.32) afin de représenter le système sous une forme réduite. En fait, en utilisant les paramètres de Markov (2.24) et (2.27) nous obtenons les autres matrices représentant le système. La matrice B est calculée comme suit :

$$B = S^{1/2}V^T, \tag{2.36}$$

qui est de rang r. La matrice C est donc calculée comme :

$$C = US^{1/2}, \tag{2.37}$$

qui est de rang m. Ce qui nous permet d'obtenir les matrices caractéristiques du système (2.1) à partir de la réponse du système aux excitations externes en fonction des paramètres de Markov.

Sous le principe de la méthode ERA que nous venons de présenter, nous procéderons à l'inverse pour trouver une représentation du système (A, B, C) mais de forme réduite, représentation connue comme une représentation minimale, parce que nous allons supprimer les éléments qui sont de trop dans ces matrices exprimées par (2.35), (2.36), (2.37), chacune de rang n, r et m.

A partir d'une excitation connue et de la mesure des grandeurs de sortie, nous pouvons obtenir un système identifié ou réalisation du système (2.1), nous allons dénoter cet ensemble de matrices $(\tilde{A}, \tilde{B}, \tilde{C})$. En pratique, la présence de bruits de mesure, de non-linéarités, ou d'arrondis numériques, provoque que la matrice de Hankel généralisée soit, en général, de rang plein, et donc de rang bien supérieur à l'ordre du système réel. Notre intérêt, et celui de la méthode ERA, n'est pas de retrouver le comportement du système contaminé de bruit, mais de restituer sa dynamique originale en termes de commandabilité et d'observabilité. Il est donc nécessaire de tronquer la matrice Hankel afin d'obtenir une représentation d'un ordre déjà connu. Dans le cadre de cette étude, également des systèmes de tolérance aux défauts basés sur un modèle, l'ordre du système traité est supposé connu *a priori*.

Le principe de cette hypothèse est le même que celui du grammien de commandabilité. Nous avons présenté au début de ce chapitre, que le grammien de commandabilité représente les états les plus excités et sa décomposition en valeurs singulières représente la décomposition de l'énergie contenue dans la réponse à l'impulsion. La méthode ERA se fonde dans le même concept, elle révèle les états plus excitables par rapport à l'excitation donnée à l'entrée. C'est pourquoi l'intérêt à utiliser la méthode ERA pour calculer l'ISO.

Compte tenu des états plus excités à cause d'une excitation connue, nous procédons comme suit. Puisque la matrice de Hankel est formée des mesures de sortie, à partir de (2.32) nous prenons les n valeurs plus fortes, à savoir les valeurs singulières qui permettent de conserver la dynamique la plus observable et la plus commandable. Par conséquent

$$H(0) = U_n S_n V_n^T, \tag{2.38}$$

où U_n et V_n sont les matrices formées respectivement par les n premières colonnes de U et de V en (2.31). L'ensemble identifié $(\tilde{A}, \tilde{B}, \tilde{C})$ est obtenu en utilisant (2.33) et (2.34) comme dans le cas général, et donc :

$$\tilde{A} = S_n^{-1/2} U_n^T H(1) V_n S_n^{-1/2}, \tag{2.39a}$$

$$\tilde{B} = S_n^{1/2} V_n^T E_r, \tag{2.39b}$$

$$\tilde{C} = E_m^T U_n S_n^{1/2}, \tag{2.39c}$$

où afin de choisir les n valeurs de chaque matrice nous utilisons des matrices de sélection E_m et E_r, obtenues aussi par troncature de l'équation (2.31) en utilisant (2.38). Elles sont données par :

$$E_m^T = \begin{bmatrix} I_m & 0_m & \cdots & 0_m \end{bmatrix}, \quad E_m^T \in \mathbb{R}^{m \times mq}, \tag{2.40a}$$

$$E_r^T = \begin{bmatrix} I_r & 0_r & \cdots & 0_r \end{bmatrix}, \quad E_r^T \in \mathbb{R}^{r \times rs}. \tag{2.40b}$$

Nous avons maintenant une réalisation du système (2.1) décrite par $(\tilde{A}, \tilde{B}, \tilde{C})$, et qui, après troncature des valeurs singulières au rang n, permet alors de ne conserver que la dynamique la plus observable et la plus commandable. Mais l'obtention d'une représentation d'état par ERA repose sur le calcul des paramètres de Markov du système, qu'il faut donc exprimer à l'aide des mesures faites au cours des essais. Les sous sections suivantes présentent deux manières pratiques d'obtenir ces paramètres de Markov.

2.5.1 Obtention directe des paramètres de Markov

L'obtention des paramètres de Markov du système considère les données d'entrée et de sortie, ce qui est de notre intérêt. En utilisant (2.23) sous une représentation matricielle, la relation entrées/sorties du système peut s'exprimer sous la forme :

$$\Upsilon = M\bar{U}, \tag{2.41}$$

où $\Upsilon \in^{m \times l}$, $M \in^{m \times rl}$, $\bar{U} \in^{rl \times l}$, et l est le total d'instants d'échantillonnage. Les matrices sont définies de la façon suivante :

$$\Upsilon = \begin{bmatrix} y(0) & y(1) & \cdots & y(l-1) \end{bmatrix}, \tag{2.42}$$

$$M = \begin{bmatrix} 0 & CB & CAB & \cdots & CA^{l-2}B \end{bmatrix}, \tag{2.43}$$

$$\bar{U} = \begin{bmatrix} u(0) & u(1) & u(2) & \cdots & u(l-1) \\ 0 & u(0) & u(1) & \cdots & u(l-2) \\ 0 & 0 & u(0) & \cdots & u(l-3) \\ \vdots & \vdots & \vdots & \ddots & \vdots \\ 0 & 0 & 0 & \cdots & u(0) \end{bmatrix}, \tag{2.44}$$

où $u(k)$ est le signal d'entrée connu et mesuré ainsi utilisé comme excitation du système. À partir de (2.41) nous trouvons que M n'est pas unique pour le cas $r>1$. C'est pour cela que $M = \Upsilon \bar{U}^{-1}$ n'est valide que pour les systèmes SISO. Mais, si A est asymptotiquement stable pour p instants d'échantillonnage, alors $A^k = 0$ pour $k > p$, et une solution approximative peut s'exprimer sous la forme :

$$\Upsilon = M_t \bar{U}_t, \tag{2.45}$$

où $M_t \in \mathbb{R}^{m \times r(p+1)}$, $\bar{U}_t \in \mathbb{R}^{r(p+1) \times l}$. Les matrices sont :

$$M_t = \begin{bmatrix} 0 & CB & CAB & \cdots & CA^{p-1}B \end{bmatrix}, \tag{2.46}$$

$$\bar{U}_t = \begin{bmatrix} u(0) & u(1) & \cdots & u(p) & \cdots & u(l-1) \\ 0 & u(0) & \cdots & u(p-1) & \cdots & u(l-2) \\ 0 & 0 & \cdots & u(p-2) & \cdots & u(l-3) \\ \vdots & \vdots & \ddots & \vdots & \ddots & \vdots \\ 0 & 0 & \cdots & u(0) & \cdots & u(l-p-1) \end{bmatrix} \tag{2.47}$$

où le sous-indice t représente la version tronquée des matrices précédentes. Pour un système MIMO avec $l > r(p+1)$, il y a assez de données pour faire un calcul approximatif de p paramètres de Markov au travers de

$$M_t = \Upsilon \bar{U}_t^+. \tag{2.48}$$

Dans ce cas p représente un entier suffisamment grand. Bien sûr, si p devient plus grand, alors les paramètres de Markov des données de sortie se rapprochent au mieux de ceux du système original.

Dans cette approche reste encore le problème de la vitesse à laquelle le système atteint la valeur stable. Ceci implique que la matrice U_t devienne très grande (en dimension), puisqu'on aura besoin de plus de données et donc une valeur de p plus grande. Même si le système est accéléré au travers d'un bouclage, il faudra une quantité large de données pour bien s'approcher du modèle du système réel. Ceci n'est pas trop attractif dans la pratique.

Cependant, les paramètres de Markov peuvent être calculés en utilisant des méthodes fréquentielles à partir des fonctions de réponse fréquentielle (cf. [Juang, 1994]). Cette forme est également peu pratique dans le cas d'applications réelles et également elle demande une quantité large de données.

Pour pallier ces problèmes, il est proposé d'utiliser un observateur qui calcule les paramètres de Markov. Les paramètres obtenus sont nommés les paramètres de Markov de l'observateur et sont obtenus dans une fenêtre de temps établi a priori, représentant des avantages pratiques d'implantation.

2.5.2 Obtention des paramètres de Markov à l'aide d'un observateur

Afin de trouver les paramètres de Markov du système, il a été proposé une technique basée sur un observateur permettant de trouver les états les plus excités dans une fenêtre de temps relativement courte [Valasek et Chen, 2003]. Ceci permet aussi d'établir un ensemble de données prises du système en-ligne et donc de calculer le grammien de commandabilité, et par conséquent l'indice Q_σ, dans un moment déterminé de la simulation ou opération du système. Un schéma basé sur observateur est suggéré par Phan et al. [Phan *et al.*, 1992] et développé par Juang et al. dans [Juang *et al.*, 1993] et [Juang, 1994]. Cet algorithme est connu comme l'*identification par filtre observateur de Kalman* (*Observer/Kalman filter Identification – OKID*, en anglais).

Des applications avec succès dans le domaine de l'automatique ont été rapportées dans [Clarke et Sun, 1998], [Park *et al.*, 2005], [Gosiewski et Gorminski, 2006], [Tiano *et al.*, 2007], où la technique a été employée plutôt pour l'identification de systèmes en boucle ouverte afin de concevoir un régulateur en fonction du système identifié. Dans notre cas, nous pouvons l'utiliser pour des systèmes en boucle ouverte ou en boucle fermée afin d'évaluer, à partir du système identifié et comme objectif principal, l'indice Q_σ proposé.

Au travers de l'observateur, les paramètres de Markov trouvés sont plutôt les paramètres de Markov de l'observateur. Mais à partir de ces paramètres il est possible de trouver ceux qui correspondent au système traité. Nous procédons comme suit.

Le système (2.1) dispose d'un observateur de la forme suivante :

$$\begin{cases} \hat{x}(k+1) & = A\hat{x}(k) + Bu(k) - G\left(y(k) - \hat{y}(k)\right) \\ \hat{y}(k) & = C\hat{x}(k). \end{cases} \tag{2.49}$$

À partir de (2.1) et (2.49) il vient

$$\begin{aligned} \hat{x}(k+1) &= A\hat{x}(k) + Bu(k) - GC\left(x(k) - \hat{x}(k)\right) \\ &= (A + GC)\hat{x}(k) + Bu(k) - Gy(k), \end{aligned} \tag{2.50}$$

l'erreur d'estimation $e(k) = x(k) - \hat{x}(k)$ se propage selon :

$$e(k+1) = Ax(k) + Bu(k) - ((A + GC)\hat{x}(k) + Bu(k) - Gy(k)) \tag{2.51}$$

il s'ensuit

$$e(k+1) = (A + GC)e(k). \tag{2.52}$$

Si le système (2.1) est observable, alors la matrice G peut être choisie pour situer les pôles dans une zone précise du plan complexe et donc obtenir un observateur stable. Dans le cas discret ceci correspond à un placement des pôles à l'intérieur du cercle unitaire. Par conséquence, à la limite $\lim_{k \to \infty} e(k) = 0$, cela veut dire que l'état estimé $\hat{x}(k)$ converge vers le vrai état $x(k)$ selon k tend vers l'infini. En conséquence (2.50) peut s'exprimer sous la forme :

$$\begin{cases} \hat{x}(k+1) & = \bar{A}\hat{x}(k) + \bar{B}v(k) \\ \hat{y}(k) & = C\hat{x}(k), \end{cases} \tag{2.53}$$

avec

$$\bar{A} = A + GC \quad \text{et} \quad \bar{B} = \begin{bmatrix} B & -G \end{bmatrix}. \tag{2.54}$$

Nous introduisons une nouvelle variable $v(k)$ définie comme suit :

$$v(k) = \begin{bmatrix} u(k) \\ \hat{y}(k) \end{bmatrix}. \tag{2.55}$$

De cette façon nous avons une description de type observateur pour le système (2.1). Nous trouverons les paramètres de Markov de l'observateur à partir de (2.53).

À cet égard, l'observateur (2.53) est excité par un signal connu ou mesuré $u(k)$ tel qu'il excite tous les états afin de les rendre observables, grâce à l'observateur, dans un temps relativement court par rapport à la méthode précédent sans observateur. En fait, ce temps est donnée par une fenêtre de temps de largeur p, comme se montre ensuite.

Comme précédemment, la relation entrées/sorties s'exprime sous la forme :

$$\Upsilon = \bar{M}\bar{V}_t, \tag{2.56}$$

53

où $\bar{M}$ représente la matrice de paramètres de Markov de l'observateur. Les dimensions pour les matrices sont : $\Upsilon \in \mathbb{R}^{m \times l}$, $\bar{M} \in \mathbb{R}^{m \times [(m+r)p+r]}$, $\bar{V}_t \in \mathbb{R}^{[(m+r)p+r] \times l}$. Les matrices sont construites de la façon suivante :

$$\Upsilon = \begin{bmatrix} \hat{y}(0) & \hat{y}(1) & \cdots & \hat{y}(p) & \cdots & \hat{y}(l-1) \end{bmatrix}, \tag{2.57}$$

$$\bar{M} = \begin{bmatrix} 0 & C\bar{B} & C\bar{A}\bar{B} & \cdots & C\bar{A}^{p-1}\bar{B} \end{bmatrix}, \tag{2.58}$$

$$\bar{V}_t = \begin{bmatrix} u(0) & u(1) & \cdots & u(p) & \cdots & u(l-1) \\ 0 & v(0) & \cdots & v(p-1) & \cdots & v(l-2) \\ 0 & 0 & \cdots & v(p-2) & \cdots & v(l-3) \\ \vdots & \vdots & \ddots & \vdots & \ddots & \vdots \\ 0 & 0 & \cdots & v(0) & \cdots & v(l-p-1) \end{bmatrix}. \tag{2.59}$$

Notons que pour la construction de ces matrices il a été nécessaire de tronquer la matrice des paramètres de Markov de l'observateur $\bar{M}$ à partir d'un rang p, mais nous pouvons en profiter cette fois, du fait que l'on maîtrise (grâce au gain G) la dynamique de la matrice $\bar{A}$. L'idéal est de placer tous les pôles de l'observateur à l'origine [Phan *et al.*, 1992], ce qui garantit que dans le cas pratique pour tout $k \geq p$ l'on a $C\bar{A}^k\bar{B} \approx 0$. On peut désormais calculer les paramètres de Markov de l'observateur puisque

$$\bar{M} = \Upsilon \bar{V}_t^+. \tag{2.60}$$

Mais le fait de placer les pôles à l'origine nous permet de réduire encore la représentation précédente, puisque les paramètres de Markov de l'observateur deviennent zéro après un nombre fini (relativement court) d'instants d'échantillonnage. Pour cette raison on appelle cet observateur *dead-beat*, comme pour le cas du régulateur appelé de la même façon [Isermann, 1997a], [Aström et Wittenmark, 1997]. Donc, grâce au gain G la matrice $\bar{A}$ devient nilpotent dans le cas idéal, autrement dit $\bar{A}^p \approx 0$ dans le cas pratique. D'ici, nous posons

$$\tilde{\Upsilon} = \bar{M}\tilde{V}, \tag{2.61}$$

les dimensions de ces matrices sont : $\tilde{\Upsilon} \in \mathbb{R}^{m \times l-p}$, $\bar{M} \in \mathbb{R}^{m \times [(m+r)p+r]}$, $\tilde{V} \in \mathbb{R}^{[(m+r)p+r] \times l-p}$, et définies comme suit :

$$\tilde{\Upsilon} = \begin{bmatrix} \hat{y}(p) & \hat{y}(p+1) & \cdots & \hat{y}(l-1) \end{bmatrix}, \tag{2.62}$$

$$\bar{M} = \begin{bmatrix} 0 & C\bar{B} & C\bar{A}\bar{B} & \cdots & C\bar{A}^{p-1}\bar{B} \end{bmatrix}, \tag{2.63}$$

$$\tilde{V} = \begin{bmatrix} u(p) & u(p+1) & \cdots & u(l-1) \\ v(p-1) & v(p) & \cdots & v(l-2) \\ v(p-2) & v(p-1) & \cdots & v(l-3) \\ \vdots & \vdots & \ddots & \vdots \\ v(0) & v(1) & \cdots & v(l-p-1) \end{bmatrix}. \tag{2.64}$$

Maintenant la solution par moindres carrés est

$$\bar{M} = \tilde{\Upsilon}\tilde{V}^+, \tag{2.65}$$

à condition que $\bar{V}\bar{V}^T$ soit de rang plein. Pour faciliter le calcul et minimiser les erreurs numériques, on a intérêt à choisir les lignes de V aussi linéairement indépendantes que possible, et donc à limiter la dimension de V [Juang *et al.*, 1993]. Ceci permet de fixer une borne supérieure pour p, qui sera la valeur maximisant le nombre $(r+m)p+r$ de lignes linéairement indépendantes de V et vérifiant, en même temps, que $(r+m)p+r \leq l$ pour garantir l'unicité de la solution [Juang, 1994].

Une fois la matrice des paramètres de Markov de l'observateur calculée, nous calculons les paramètres de Markov du système qui se rapprochent de l'original. Nous utilisons la partition des paramètres de Markov de l'observateur d'après (2.63) comme suit :

$$
\begin{aligned}
\bar{M} &= \begin{bmatrix} 0 & C\bar{B} & C\bar{A}\bar{B} & \cdots & C\bar{A}^{p-1}\bar{B} \end{bmatrix} \\
&= \begin{bmatrix} \bar{M}_0 & \bar{M}_1 & \bar{M}_2 & \cdots & \bar{M}_p \end{bmatrix},
\end{aligned}
\tag{2.66}
$$

et ainsi $\bar{M}_0 = 0$, et en utilisant (2.54) nous obtenons :

$$
\begin{aligned}
\bar{M}_i &= C\bar{A}^{i-1}\bar{B} \\
&= \begin{bmatrix} C(A+GC)^{i-1}B & -C(A+GC)^{i-1}G \end{bmatrix} \\
&= \begin{bmatrix} \bar{M}_i^{(1)} & -\bar{M}_i^{(2)} \end{bmatrix}, \quad i = 1, 2, \ldots, p.
\end{aligned}
\tag{2.67}
$$

Les paramètres de Markov du système sont donnés par [Juang et al., 1993] :

$$
M_0 = \bar{M}_0,
\tag{2.68a}
$$

$$
M_1 = \bar{M}_1^{(1)},
\tag{2.68b}
$$

$$
M_i = \bar{M}_i^{(1)} - \sum_{j=1}^{i-1} \bar{M}_j^{(2)} M_{i-j}, \ i = 2, \ldots, p,
\tag{2.68c}
$$

$$
M_i = -\sum_{j=1}^{p} \bar{M}_j^{(2)} M_{i-j}, \ i = p+1, \ldots, l-1.
\tag{2.68d}
$$

Comme suggéré par Juang [Juang et al., 1993], [Juang, 1994], la valeur de p doit être choisie telle que $mp \geq n$, puisque p impose le nombre de paramètres de Markov à utiliser.

Nous regroupons les caractéristiques les plus importantes de cette technique OKID pour résumer les points suivants :

1. le nombre de paramètres de Markov indépendants du système que l'on doit calculer est fortement réduit car on maîtrise la dynamique de l'observateur,

2. les matrices Hankel considérées sont de plus petite taille, ce qui réduit fortement le temps des calculs,

3. la stabilité numérique est accrue puisque le nombre p de paramètres de Markov est plus faible et choisi arbitrairement, ainsi le calcul des pseudo-inverses est plus précis,

4. le calcul des paramètres de Markov peut se faire à des instants différents, instants que l'utilisateur peut choisir arbitrairement,

5. il n'est pas indispensable de calculer explicitement le gain G, puisque l'on peut directement obtenir les paramètres de Markov de l'observateur à partir des données temporelles.

Le point 4 nous permet d'utiliser un aspect très important et pratique pour notre étude : déterminer le grammien de commandabilité à chaque instant requis. Ce calcul du grammien est donc en-ligne. Cette façon de calculer en-ligne certains paramètres du système est trouvée dans la littérature comme un calcul *à la demande* (*on-demand*, en anglais) [Stenman et al., 1996], [Braun et al., 2000]. En fait, en considérant (2.62)-(2.64), le choix de p permet de prendre les données d'entrée/sortie dans différentes fenêtres de temps afin de pouvoir déterminer la valeur des paramètres de Markov en différents instants de simulation ou d'opération du système traité.

Mais ce choix n'est pas tout à fait arbitraire, puisque cela dépend de l'excitation appliquée au système. La condition de persistance des signaux traduit la richesse des signaux d'excitation du système. Cela veut dire que dans certaines situations il vaut mieux utiliser des signaux du type bruit ou pseudo-aléatoires afin d'obtenir une approche fidèle : p donc peut être petit. Mais dans le cas du calcul à la demande, parfois ce choix de persistance peut ne pas être le meilleur à cause de l'impact sur le système. Néanmoins, une excitation qui fasse évoluer le système peut être suffisante afin de trouver les paramètres de Markov de l'observateur [Valasek et Chen, 2003]. Donc, si la persistance est présente, celle-ci peut faire partie d'un changement de la consigne afin d'exciter le système. Ceci représente une valeur de p relativement grande. Dans ce cas, on peut trouver que ce choix dépend aussi du système traité.

2.6 Comparaison entre indices basés sur la reconfigurabilité

Nous avons trouvé une représentation du système (2.1) dénotée par $(\tilde{A}, \tilde{B}, \tilde{C})$ en utilisant la méthode ERA. Il s'agit d'une représentation presque équilibrée. Pour trouver une représentation équilibrée, c'est-à-dire, une représentation telle que les matrices de commandabilité et d'observabilité soient égales et diagonales, il faut que le système soit déjà équilibré : un cas très particulier. Sinon, pour trouver une représentation équilibrée, il suffit de donner des valeurs très grandes pour les entiers q et s à la matrice de Hankel (2.25). De cette manière une meilleure approximation peut être trouvée. Cependant, dans la pratique ceci n'est pas tout à fait conseillé [Juang et Pappa, 1985], [Juang, 1994]. De même, les calculs pour trouver les matrices d'observabilité et commandabilité deviennent trop larges, également la consommation de ressources d'ordinateur. De plus, le bruit doit être réduit au maximum. Nous reviendrons au cas de la représentation équilibrée à la fin de cette section.

Pour notre étude, nous avons besoin de transformer les coordonnées de la réalisation obtenue vers les coordonnées du système de référence, afin de comparer le grammien calculé analytiquement avec celui calculé au travers de la méthode ERA. Pour ce faire, nous considérons une matrice de transformation T. Cette proposition vient du fait que le système nominal représenté sous la forme (2.1) avec (A, B, C) est connu, puisque nous sommes placés dans le contexte de systèmes de diagnostic et tolérance aux défauts basés sur le modèle.

Ainsi, la réalisation $(\tilde{A}, \tilde{B}, \tilde{C})$ peut être mise dans le même système de coordonnées des états dans lequel se trouve le système original ou de référence. Nous utilisons le résultat suivant.

Théorème 2.2. *[Kailath, 1980] Si (A_1, B_1, C_1) et (A_2, B_2, C_2) sont deux réalisations d'un système, il existe une matrice régulière unique T telle que*

$$A_2 = T A_1 T^{-1}, \quad B_2 = T B_1, \quad C_2 = C_1 T^{-1} \tag{2.69}$$

où la matrice T peut être sous la forme :

$$T = \mathcal{C}_1 \mathcal{C}_2^T \left(\mathcal{C}_2 \mathcal{C}_2^T \right)^{-1}, \quad \text{ou} \quad T = \left(\mathcal{O}_2^T \mathcal{O}_1 \right)^{-1} \mathcal{O}_2^T \mathcal{O}_2, \tag{2.70}$$

où $\mathcal{O}_i$ représente la matrice d'observabilité du système i et $\mathcal{C}_i$ représente la matrice de commandabilité du système i. $\qquad\qquad\qquad\qquad\qquad\qquad\qquad\qquad\qquad\qquad\quad\square$

Donc, pour notre étude, nous prenons le système de référence (A, B, C) et le système identifié $(\tilde{A}, \tilde{B}, \tilde{C})$ pour trouver une représentation de ce dernier dans les coordonnées d'état du premier comme suit :

$$A_e = T\tilde{A}T^{-1}, \ B_e = T\tilde{B}, \ C_e = \tilde{C}T^{-1}, \tag{2.71}$$

où (A_e, B_e, C_e) est la réalisation *équivalente* obtenue des données entrée/sortie mais dans les mêmes coordonnées d'état du système original (A, B, C), avec la matrice régulière T donnée par :

$$T = \tilde{C}\mathcal{C}^T \left(\mathcal{C}\mathcal{C}^T \right)^{-1}, \tag{2.72}$$

ou

$$T = \left(\mathcal{O}^T \tilde{\mathcal{O}} \right)^{-1} \mathcal{O}^T \mathcal{O}, \tag{2.73}$$

où $\mathcal{O}$ représente la matrice d'observabilité et $\mathcal{C}$ la matrice de commandabilité du système original. De même, $\tilde{\mathcal{O}}$ représente la matrice d'observabilité et $\tilde{\mathcal{C}}$ la matrice de commandabilité du système estimé. Ces dernières expressions peuvent être également données comme :

$$T = \tilde{C}\mathcal{C}^+, \quad \text{ou} \quad T = \tilde{\mathcal{O}}^+ \mathcal{O}, \tag{2.74}$$

où $^+$ représente pseudo inverse généralisé d'une matrice.

Nous pouvons proposer une simplification pour le théorème précédent si nous supposons que la matrice C est connue au départ et que $\tilde{C}$ est obtenue directement de l'identification du système. De plus, si C est de rang complet (tous les états sont disponibles pour mesure capteurs), alors nous pouvons simplifier les calculs en faisant $C_e = C$ dans (2.71) et ainsi :

$$T = C^{-1}\tilde{C} = \tilde{C}. \tag{2.75}$$

Nous procédons maintenant à la comparaison des indices en considérant le calcul du grammien de commandabilité pour chaque représentation du système. Dans le cas du système nominal ou de référence, nous utilisons (2.21). Dans le cas du système qui a été obtenu avec les données entrée/sortie en utilisant ERA, nous calculons :

$$W_c^e = A_e W_c^e A_e^T + B_e B_e^T, \tag{2.76}$$

où W_c^e représente le grammien de comandabilité équivalent obtenu des données entrée/sortie. Les indices peuvent être donc calculés afin de comparer les résultats et ainsi évaluer la capacité du système dans le cas défaillant.

De même, nous pouvons effectuer la comparaison à l'aide des représentations équilibrées pour chaque système. De cette façon les deux systèmes (original ou de référence et estimé) se trouvent encore dans les mêmes coordonnées équilibrées d'état. Cependant, ceci implique de trouver deux matrices de transformation T_b pour chaque réalisation à l'aide de l'algorithme présenté dans l'annexe B. En effet, notons qu'en utilisant des représentations équilibrées nous pouvons utiliser le critère de reconfigurabilité proposé par Wu donné par ϱ dans (2.14).

La démarche à faire afin de trouver la réalisation $(\tilde{A}, \tilde{B}, \tilde{C})$ et puis (A_e, B_e, C_e) pour évaluer Q_σ en-ligne est illustrée à l'aide de la figure 2.2.

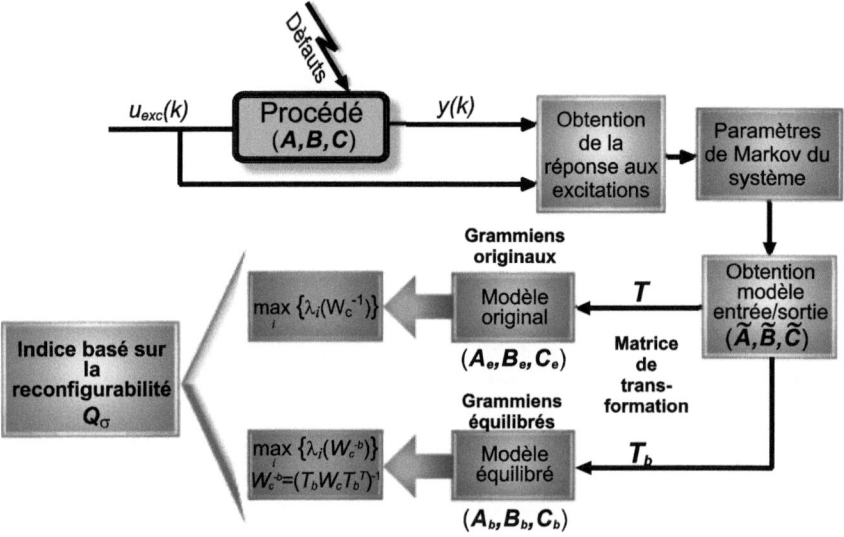

FIG. 2.2 – Procédure à suivre pour trouver l'indice Q_σ

Notons aussi sur la figure 2.2 que si l'on choisit la voie équilibrée, indiquée par le sous indice b (W_c^b pour le grammien équilibré), le système original doit être aussi représenté sous la forme équilibrée.

Nous pouvons également effectuer la transformation du système estimé vers la forme nominale et puis vers la forme équilibrée. Dans ce cas on utilise la matrice de transformation équilibrée T_b afin de représenter l'ensemble identifié $(\tilde{A}, \tilde{B}, \tilde{C})$ sous la forme équilibrée (A_b, B_b, C_b) afin d'obtenir l'indice basé sur reconfigurabilité et puis comparer, comme indiqué dans la figure 2.2. Notons enfin que l'indice peut être obtenu par les deux voies : nominale et équilibrée.

2.7 Exemple

Cette section est consacrée à la présentation d'un exemple académique. Le système discret est représenté sous la forme (2.1) où la période d'échantillonnage prise est de $h = 0.01\,s$. Les matrices du système sont alors :

$$A = \begin{bmatrix} 0.9988 & 0.0012 \\ 0.0012 & 0.9975 \end{bmatrix}, \quad B = \begin{bmatrix} 0.0075 & 0 \\ 0 & 0.0075 \end{bmatrix}. \tag{2.77}$$

Puisque l'exemple consiste à montrer le calcul et l'évaluation de l'indice, nous considérons une loi de commande par placement de pôles. Donc, nous plaçons les pôles selon la paire $\left(e^{-0.5h}, e^{-0.4h}\right)$, qui donne le gain :

$$K = \begin{bmatrix} 0.4988 & 0.1663 \\ 0.1663 & 0.1996 \end{bmatrix}.$$

Nous considérons par la suite, que le système est représenté sous la forme bouclée comme suit :

$$A - BK = \begin{bmatrix} 0.9950 & 0.0000 \\ 0.0000 & 0.9960 \end{bmatrix} \quad B = \begin{bmatrix} 0.0075 & 0 \\ 0 & 0.0075 \end{bmatrix},$$

de cette manière nous considérons l'excitation u_{exc} comme l'entrée externe du système. Afin de tracer la performance hors ligne du système en fonction de l'indice Q_σ en utilisant l'indice proposé, nous considérons la perte d'efficacité des actionneurs. La matrice B est considérée comme

$$B = \begin{bmatrix} b_1 & b_2 \end{bmatrix}$$

et chacun des vecteurs b_i ($i = 1$, 2) est affecté par le *facteur d'efficacité de la commande*, dénoté γ_i, où $\gamma_i \in [-1, 0]$, $i = 1$, 2 (cf. §1.3.3, p. 30). Alors $b_{if} = b_i(1 + \gamma_i)$ pour $i = 1$, 2. Nous considérons également qu'un système de détection de défauts idéal est disponible pour délivrer l'information du défaut avec un retard d'une seconde.

Nous calculons σ à l'aide de (2.9), en considérant donc le grammien de commandabilité dans le cas des entrées externes en utilisant l'équation (2.21). Sur la figure 2.3 l'évaluation de l'indice Q_σ en utilisant (2.16) est illustrée. Les axes $x - y$ montrent la variation des facteurs γ_i (perte d'efficacité sur chaque actionneur), alors que l'axe z montre la valeur de Q_σ selon les variations de γ_i. Il faut constater que la valeur de l'indice va vers zéro si les facteurs γ_i augmentent, comme prévu. Nous pouvons ajouter que la capacité du système à être commandé est correcte puisque la valeur Q_σ reste uniforme tout au long des variations de γ_i.

Dans la figure 2.3 nous pouvons observer que l'influence de l'actionneur 2 est plus marquée sur l'indice par rapport à l'actionneur 1. La valeur supérieure considérée pour l'obtention de cette figure est de $\sigma_{max} = 14300$, valeur qui peut être rapportée à la capacité maximale physique de l'actionneur. Cette capacité peut être traduite en puissance consommée. En fait, c'est la façon dans laquelle la valeur admissible de $Q_a(x_0)$ dans l'équation (2.17) doit être déterminée. Pour l'exemple, cette valeur a été choisie à $Q_a(x_0) = 50\%$, indiquée sur la même figure 2.3 avec un plan qui coupe le tracé de Q_σ à cette valeur. Donc, les valeurs au-dessus de $Q_a(x_0)$ sont admissibles.

Nous allons maintenant utiliser la méthode ERA avec observateur afin de calculer la valeur de l'indice Q_σ en-ligne dans des temps précis de simulation et ainsi la comparer avec la valeur de l'indice obtenue hors-ligne montré à la figure 2.3. Pour ce faire, nous calculons le grammien de commandabilité à la demande à l'aide de (2.76) en utilisant la réalisation $(\tilde{A}, \tilde{B}, \tilde{C})$ obtenue des données entrée/sortie, puis (2.71)-(2.72) pour obtenir la réalisation (A_e, B_e, C_e). Nous n'utilisons l'algorithme que pour l'évaluation requise sous certaines conditions, à savoir, quand le système est sans défaut et au moment de l'apparition d'un défaut. Ainsi nous n'avons pas besoin d'exciter le système sans interruption.

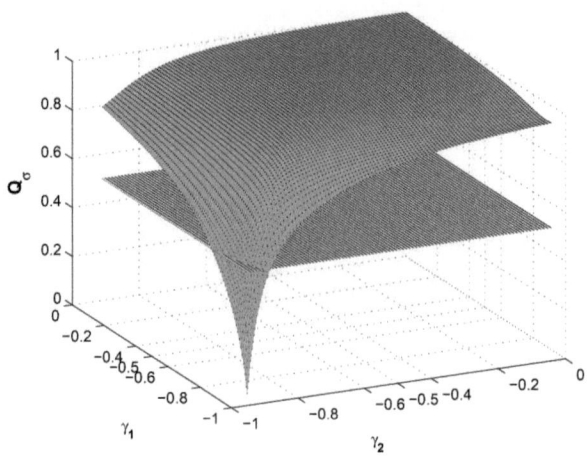

FIG. 2.3 – Tracé de Q_σ par rapport à l'efficacité d'actionneurs (hors-ligne)

L'algorithme est donc utilisé en considérant une fenêtre de temps où l'on prend les données entrée/sortie au moment d'appliquer l'excitation externe u_{exc}. Cette fenêtre a une durée de $1\,s$, au cours de laquelle on fait varier les excitations externes u_{exc1} et u_{exc2}. Le nombre de paramètres de Markov utilisé est 12, et les entiers q, s pour former la matrice de Hankel (cf. l'équation (2.25)) sont choisis comme $q = 8$ et $s = 2q$. Les valeurs de référence pour cette système de commande sont $y_1 = 1.0$, $y_2 = 0.75$. Les sorties sont montrées à la figure 2.4 *a), d)*. Les excitations externes (u_{exc1} et u_{exc2}) au moment de les faire varier, ont une valeur entre 0 et 1, chacune avec une durée de $0.5\,s$. Les variations sont appliquées au temps $15\,s$ dans le cas nominal et à $26\,s$ pour le cas défaillant. Elles sont présentées à la figure 2.4 *c)* et *f)*.

Nous pouvons remarquer sur la figure 2.4 *a), d)*, la fenêtre de temps considérée pour le calcul de σ dans (2.9). Également, la figure 2.4 *b), e)* montre les signaux de contrôle (u_1 et u_2) envoyés par chaque actionneur. Dans le cas d'opération normale, la valeur calculée pour σ est 141.83, représentant aux termes de l'indice, une valeur de $Q_\sigma = 100\%$. Une telle valeur est obtenue analytiquement et elle fait partie du tracé montré à la figure 2.4.

Le deuxième calcul de σ, à partir des entrées/sorties du système simulé, se fait dans le cas d'un défaut du type perte d'efficacité de 90% du deuxième actionneur au temps $25\,s$. Sur la figure 2.4 *d)*, nous pouvons remarquer que la sortie 2 (y_2) diminue au-dessous la valeur 0.75 et que les deux signaux de commande diminuent par rapport aux valeurs normales (voir figure 2.4 *b), e)*) comme la conséquence du défaut. Compte tenu du module de détection idéal, le calcul de σ se fait une fois le défaut détecté, dans ce cas une seconde après l'apparition du défaut. L'algorithme d'identification est donc lancé à $26\,s$ afin de calculer σ avec les données obtenues de la fenêtre de temps de 26 à $27\,s$, comme illustré dans la figure 2.4 *d)-e)*, quand les mêmes signaux d'excitation u_{exc} sont utilisés (comme dans le cas sans défaut). Une fois la matrice du grammien de commandabilité (2.76) calculée, nous appliquons l'équation (2.16) et comparons les indices.

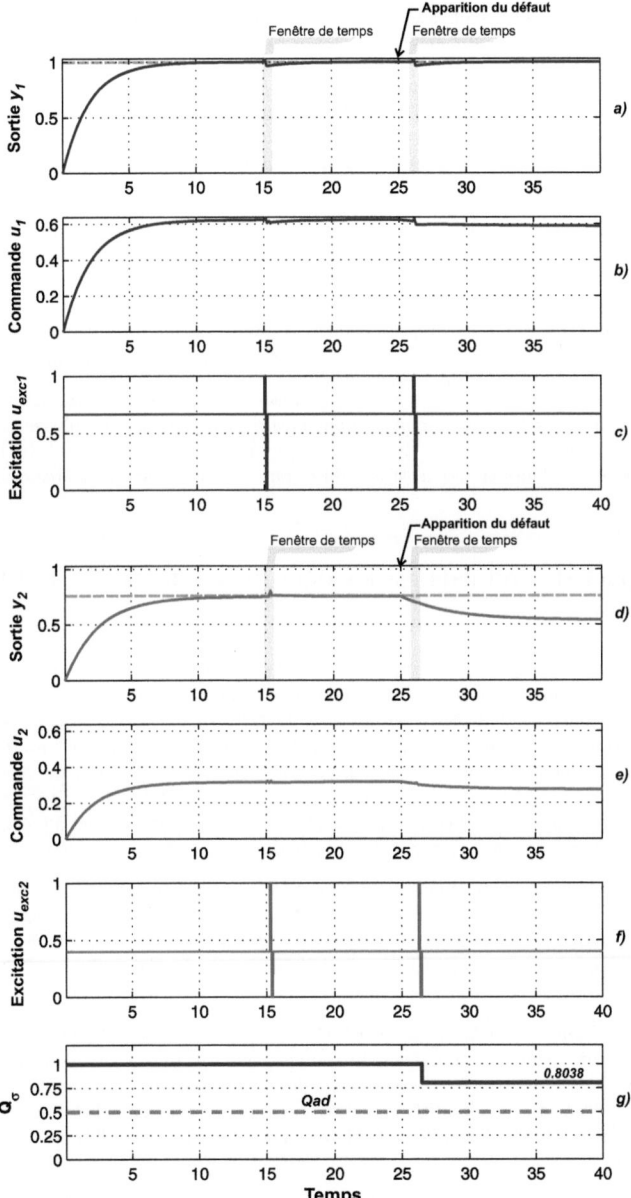

FIG. 2.4 – Évolution des signaux de commande, sorties, excitations externes et indice

De cette façon l'indice $Q_\sigma = 80.38\%$, pourcentage qui correspond à la valeur prévue et qui est contenue dans la courbe de la figure 2.3. Compte tenu de la valeur admissible $Q_a(x_0) = 50\%$, cette valeur de Q_σ est acceptable.

Le dernier tracé de la figure 2.4 montre, dans une forme de supervision, l'évolution de la valeur Q_σ tout au long de la simulation. Les valeurs de Q_σ changent selon le temps d'application de l'algorithme pour calculer σ, comme montré sur la figure. La valeur limite de $Q_a(x_0)$ choisie pour l'exemple se retrouve également dans le tracé de la figure 2.3).

Cet exemple nous a permis de constater que le calcul de l'information du second ordre en ligne est possible grâce à une méthode d'identification, de cette manière nous sommes capables de déterminer la capacité de ce système à répondre aux défauts. Notons que dans l'absence de bruit de mesure capteurs le calcul de l'information du second ordre est correct et assez fiable. Cependant, la mise en œuvre sous une ambiance contaminé par un bruit de mesure capteur peut entraîner quelques contraintes pour le calcul correct. Cet aspect sera retrouvé au dernier chapitre.

Pour le moment, nous nous intéressons à l'impact des retards sur la reconfigurabilté de la commande quand le système de commande fait partie d'un processus où plusieurs commandes partagent l'information au travers d'un réseau de communication. Cette problématique, compte tenu les effets des défauts et des retards induits par le réseau, est considérée dans la section suivante.

2.8 Impact des retards et des défauts sur le calcul de l'ISO

Dans cette section on présente la possible utilisation de l'indice basé sur la reconfigurabilité, et surtout le calcul en-ligne de l'information du second ordre (ISO) que nous avons proposé, pouvant être utile pour la conception des systèmes commandés en réseau afin d'évaluer la capacité du système face aux défauts (du type perte de l'efficacité) et retards induits par le réseau. Notre motivation est due au manque d'un indice spécifique concernant les systèmes affectés par des retards, mais également par des défauts. Remarquons que l'aspect de la stabilité n'est pas considéré ici comme l'objectif de notre étude, sinon plutôt la détermination des limites admissibles d'opération sous l'effet des défauts et des retards avant d'arriver à l'instabilité. Il est à noter qu'une partie de ces résultats a été publiée dans [González-Contreras *et al.*, 2007d].

L'étude des *systèmes commandés en réseau* (SCRs) est devenue un axe de recherche de la commande de systèmes dû à une grande diversité d'applications. Dans les SCRs la communication et le bouclage de régulation entre commande-actionneurs-capteurs se fait via un réseau de communication en temps réel (DeviceNet, Profit-bus, FireWire, Ethernet, par exemple) [Tipsuwan et Chow, 2003], [Benítez-Pérez et García-Nocetti, 2005] comme illustre la figure 2.5.

Les éléments composants de chaque boucle de régulation sont connectés au réseau sous forme de nœuds dans un canal de communication commun au lieu de la forme point-à-point (directement). Parmi les avantages de ces systèmes, par rapport à une communication centralisée point-à-point nous avons : modularité, décentralisation de la commande, fiabilité, facilité et rapidité de maintenance. Cette flexibilité se traduit en réduction de coûts, disponibilité des services et en efficacité opérative [Zhang *et al.*, 2001], [Benítez-Pérez et García-Nocetti, 2005].

Néanmoins il existe aussi quelques problématiques à considérer, comme : la perte de données, asynchronisme entre éléments de la commande, bande passante de communication du réseau,

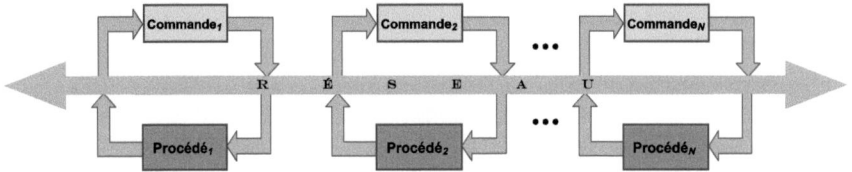

FIG. 2.5 – Systèmes commandés en réseau (SCR)

saturation du canal de communication, bande passante de la commande, relations entre échantillons numériques successifs apériodiques, principalement. En fait, le canal de communication entre le système et le contrôleur est souvent modélisé comme une ligne de transmission directe et donc négligé. Mais dans le cas où le système est commandé au travers d'un réseau utilisé par de multiples commandes (utilisateurs), cette ligne de transmission induit un retard important et donc considérable. C'est pourquoi il est important de considérer chaque commande dans un réseau où le partage d'information est une priorité et d'une pertinence notable.

De même ces systèmes sont affectés par défauts et donc il faut les considérer parmi les problématiques indiquées. C'est ici que l'étude des SCRs tolérants aux défauts devient une branche des FTCs et des SCRs [Fang *et al.*, 2007] et en conséquence on introduit des nouvelles problématiques à résoudre, comme la détection de défauts, le diagnostic, la tolérance aux défauts. Ainsi, les systèmes FTC doivent être considérés comme une partie d'un ensemble de systèmes de commande communicantes et donc d'un SCR.

La problématique concernant l'influence des retards induits par le réseau est alors une priorité à considérer lors de l'étape de conception de la commande [Zhang *et al.*, 2001]. L'occurrence de retards dans la boucle de commande peut conduire à une dégradation des performances du système, voire à l'instabilité de ce dernier [Lian *et al.*, 2001]. En effet, la problématique des SCRs, compte tenu de la performance de la commande par rapport aux retards, se traduit dans la qualité de la commande (QoC) ou qualité de la performance (QoP) [Lian *et al.*, 2001], [Martí *et al.*, 2004]. Il est possible cependant de lier ces qualités aux autres problèmes des SCRs [Lian *et al.*, 2002]. Néanmoins, les analyses de performance considérant la sortie du système (erreur de régulation), sont relatives aux retards seulement [Martí *et al.*, 2004]. Ils ne considèrent pas la possible apparition des défauts. En fait, ces évaluations de performance sont focalisées sur la sortie de la commande et non sur le signal de commande délivré.

Dans ce qui suit nous allons définir la problématique et modélisation des SCRs par rapport aux retards induits par le réseau et aussi en considérant la perte de l'efficacité des actionneurs. Puisque l'objectif de cette section est de montrer la potentielle utilisation de l'indice basé sur la reconfigurabilité, nous considérons le cas des retards constants.

2.8.1 Définition du problème et modélisation d'un SCR

L'analyse des retards peut se faire dans le domaine continu/discret (le cas hybride) [Kim *et al.*, 2003], néanmoins nous considérons le domaine discret étant explicite dans le contexte des systèmes distribués en réseau [Fang *et al.*, 2007]. En fait, c'est la forme naturelle de conception de tels systèmes [Aström et Wittenmark, 1997].

Considérons donc le modèle linéaire continu sans retard suivant :

$$\begin{cases} \dot{x}(t) = A_c x(t) + B_c u(t) \\ y(t) = C_c x(t), \end{cases} \tag{2.78}$$

avec matrices $A_c \in \mathbb{R}^{n \times n}$, $B_c \in \mathbb{R}^{n \times r}$ et $C_c \in \mathbb{R}^{m \times n}$. Le modèle discret est obtenu en considérant la période d'échantillonnage h en utilisant les relations

$$A = e^{A_c h}, \qquad B = \int_0^h e^{A_c s} B_c \cdot ds, \qquad C = C_c, \tag{2.79}$$

où les matrices A, B, C ont les mêmes dimensions que les matrices A_c, B_c, C_c. De cette manière le système s'écrit sous la forme discrète :

$$\begin{cases} x(k+1) & = Ax(k) + Bu(k) \\ y(k) & = Cx(k), \end{cases} \tag{2.80}$$

avec une loi de commande par retour d'état sous la forme :

$$u(k) = Kx(k), \qquad K \in \mathbb{R}^{r \times n}. \tag{2.81}$$

Dans un bouclage de ce type, le SCR sans retards fonctionne sous la forme suivante, compte tenu de la figure 2.6 :

À partir des mesures des capteurs $y(k)$ (partie (a) dans la figure), une régulateur numérique calcule la loi de commande $u(k)$ (partie (b)), le régulateur numérique envoie à l'actionneur, au travers d'un réseau, un paquet contenant cette information à chaque intervalle de temps k (donné par la période d'échantillonnage h). Puis, l'actionneur récupère le paquet et traite l'information contenue (partie (c)). Cette information est maintenue constante vers le processus (partie (d)) grâce à un bloqueur d'ordre zéro (ZOH). Les capteurs forment des paquets contenant l'information des sorties mesurées afin de les envoyer par réseau au régulateur numérique (le cycle recommence).

Les retards peuvent se produire lors des étapes indiquées. Également il y a des retards que se produisent par la conversion (analogique-numérique, numérique-digitale), le traitement de la commande, le calcul effectué par le régulateur numérique, la mesure des capteurs et la formation des paquets d'information, principalement.

Ces retards sur le réseau se sont produits dans un bouclage à travers le réseau comme présenté à la figure 2.7.

Compte tenu de la figure 2.7 et en considérant la description précédente, les sources principales de retards sont de trois ordres et ils se produisent entre les éléments suivants :

1. La commande et l'actionneur, ce retard est représenté par τ_{ua}
2.- Le capteur et la commande, ce retard est représenté par τ_{cc}

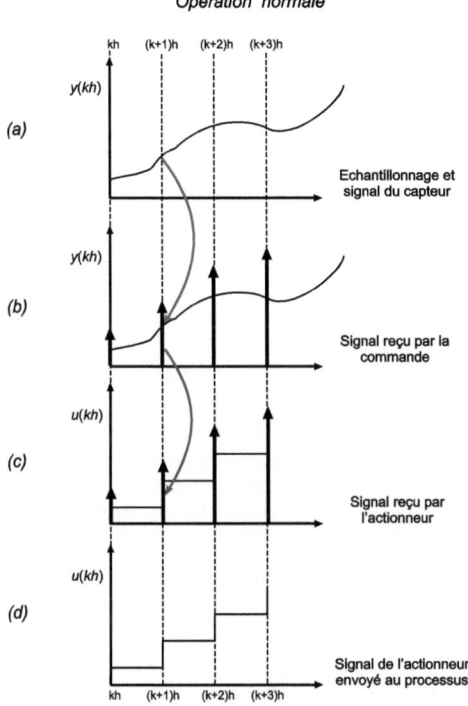

FIG. 2.6 – Diagramme temporel de la commande dans un réseau de communication

3.- La commande (pendant le calcul de la loi de commande), et les convertisseurs (analogique-numérique, numérique-analogique), ce retard est représenté par τ_c.

Les retards sont représentés sous trois formes possibles : *variables dans le temps, aléatoires* ou *constants* [Nilsson, 1998]. Ceci dépend de la forme matérielle ou technique analytique employée pour établir la communication. Dans le premier cas, par exemple, le réseau CAN (*Controller Area Network*, en anglais) permet d'obtenir des retards constants, alors que Ethernet introduit

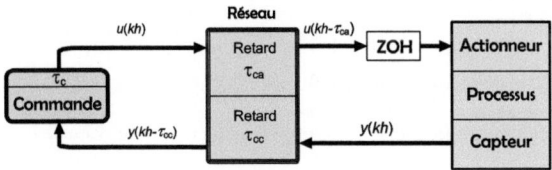

FIG. 2.7 – Modèle du SCR avec retards induits sur la commande à cause du réseau

des retards variables bornés ; dans le deuxième cas, on peut utiliser des observateurs, techniques *time-stamping* [Nilsson, 1998], ou chaînes de Markov [Zhang *et al.*, 2001]. En fait il existe des méthodes basées sur observateurs pour estimer le retard et de cette manière le considérer de valeur constante [Fang *et al.*, 2007].

Dans notre cas on considère que le retard est constant compte tenu des hypothèses suivantes [Park *et al.*, 2002], [Kim *et al.*, 2003] :

a) les capteurs sont périodiques ou séquentiels (ils mesurent à chaque période d'échantillonnage),

b) les actionneurs et la commande sont événementielles,

c) le gain de la commande est constant (invariant dans le temps),

d) les actions de chaque boucle de commande n'affectent pas les autres boucles dans le même réseau,

e) les paquets d'information sont de même longueur,

f) il y a des mémoires tampons dans chaque capteur et actionneur.

Les conditions *a), b), c)* permettent d'avoir un fonctionnement et une séquence de données régulières. La condition *d)* permet de considérer un système décentralisé. La condition *e)* permet de ne considérer que des retards de valeur entière. La condition *f)* permet d'assurer qu'il n'y aura aucune perte de données (packet dropouts) et ainsi les retards soient constants (consistance des données) [Zheng *et al.*, 2003], [Mao et Jiang, 2007].

En regardant le diagramme de la figure 2.8 et en considérant les hypothèses *a)-f)* précédentes, la description de la boucle fermée du SCR (cf. figure 2.7) avec des retards induits s'explique comme suit :

Le signal provenant des capteurs $y(k)$ est envoyé à la commande (régulateur numérique), comme indiqué dans la partie (a) de la figure. La commande reçoit le signal $y(kh)$ des capteurs avec un retard entre capteur-commande τ_{cc}, c'est-à-dire à l'instant $kh - \tau_{cc}$ (partie (b) dans la figure). Une fois ce signal capté, la commande calcule la valeur de la loi de commande $u(kh)$. Après un temps de calcul, la commande envoie le signal $u(kh)$ vers l'actionneur (partie (c)), signal qui arrive à l'instant $kh - \tau_{ca}$, soit avec un retard entre la commande et l'actionneur τ_{ca}. Les entrées au processus changent au moment où les paquets arrivent. Ce signal en fait est disponible à l'instant $kh - \tau_{cc} - \tau_{ca}$ (partie (d) dans la figure), signal maintenu par le ZOH jusqu'au prochain signal $u(kh + h)$. Le retard total dans le cycle est $\tau = \tau_{cc} + \tau_{ca}$.

Nous pouvons maintenant établir le modèle du SCR. Nous considérons un retard unique $\tau = \tau_{cc} + \tau_{ca}$, ce qui est possible grâce aux conditions *a)-c)* [Nilsson *et al.*, 1998], permettant également de considérer le retard τ_c (constant) ajouté au retard τ_{ca} ou τ_{cc}. Alors un retard général est proposé sous la forme :

$$\tau = (d-1)h + \tau', \quad 0 < \tau' \leq h, \tag{2.82}$$

où $d \geq 1$ est un entier positif de forme que $0 \leq (d-1)h < \tau < dh$. Il faut noter que si le retard est plus grand que la période d'échantillonnage alors $d > 2$, et que si le retard est plus petit que la période d'échantillonnage alors $d = 1$. Compte tenu de (2.82), le système (2.80) est représenté sous la forme :

$$\begin{cases} x(h+1) &= A\,x(k) + \Gamma_0\,u(k+1-d) + \Gamma_1\,u(k-d) \\ y(kT) &= C\,x(k) \end{cases} \tag{2.83}$$

Opération avec retards

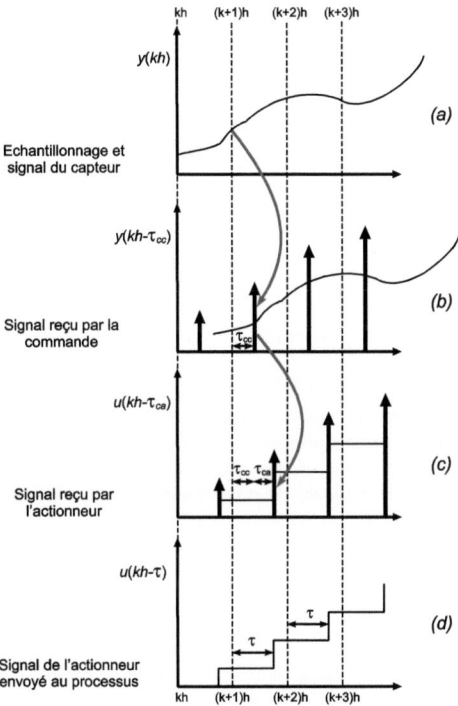

FIG. 2.8 – Diagramme temporel des retards induits sur la commande à cause du réseau

où les matrices Γ_0, Γ_1 sont définies comme

$$\Gamma_0 = \int_0^{h-\tau'} e^{As} B ds, \qquad \Gamma_1 = \int_{h-\tau'}^{T} e^{As} B ds. \tag{2.84}$$

Puisque les retards sont constants nous pouvons résoudre ces intégrales afin d'obtenir :

$$\Gamma_0 = A^{-1} \left[e^{A(h-\tau')} - I \right] B, \qquad \Gamma_1 = A^{-1} \left[I - e^{-A\tau'} \right] e^{Ah} B. \tag{2.85}$$

Observons que dans la description (2.83) il y a deux signaux de commande appliqués entre deux instants d'échantillonnage. Donc, dans le système continu représentant ce système et pour le cas $d = 1$ (retards inférieurs à la période d'échantillonnage), le signal de commande dans l'intervalle $[k, (k+1)]$ est :

$$u(t - \tau) = \begin{cases} u(k-1), & k \leqslant t < k + \tau \\ u(k), & k + \tau \leqslant t < (k+1). \end{cases} \tag{2.86}$$

67

De manière similaire pour $d > 1$ (retards supérieurs à la période d'échantillonnage) dans l'intervalle $[k, (k+1) + \tau]$ le signal de commande est :

$$u(t - \tau) = \begin{cases} u(k-1), & k \leqslant t < (k+1) \\ u(k), & (k+1) \leqslant t < k + \tau. \end{cases} \qquad (2.87)$$

Lorsque les défauts du type perte de l'efficacité des actionneurs se produisent et compte tenu des remarques faites à §1.3.3, la représentation du système correspond à la suivante :

$$\begin{cases} x(k+1) & = A\,x(k) + \Gamma_0(\gamma)\,u(k+1-d) + \Gamma_1(\gamma)\,u(k-d) \\ y(k) & = C\,x(k) \end{cases} \qquad (2.88)$$

où nous considérons que Γ_0 et Γ_1 dépendent du vecteur des facteurs de l'efficacité γ (cf. page 31), c'est-à-dire :

$$\Gamma_0(\gamma) = A^{-1}\left[e^{A(h-\tau')} - I\right]B(\gamma), \qquad \Gamma_1(\gamma) = A^{-1}\left[I - e^{-A\tau'}\right]e^{Ah}B(\gamma). \qquad (2.89)$$

Afin de déterminer l'impact de retards et défauts sur le SCR nous suggérons l'utilisation de la mesure de l'ISO présentée aux sections précédentes (§2.3, §2.5), au travers de l'utilisation de la méthode ERA/OKID ou en utilisant la forme directe à partir des conditions initiales. L'exemple suivant a pour objet d'illustrer l'impact de retards sur la reconfigurabilité de la commande et surtout, sur l'indice de reconfigurabilité proposé obtenu à l'aide de la méthode ERA/OKID.

2.8.2 Exemple

L'exemple suivant est pris de l'article de [Naghshtabrizi et Hespanha, 2005]. Nous allons déterminer la capacité de la commande face aux défauts du type perte d'efficacité de l'actionneur (en fonction de γ) et aux retards (en fonction de τ). Nous considérons le cas où $\tau < h$ et donc $d = 1$ dans (2.82). Le système continu représenté sous la forme :

$$\begin{cases} \begin{bmatrix} \dot{x}_1(t) \\ \dot{x}_2(t) \end{bmatrix} = \begin{bmatrix} -1.7 & 3.8 \\ -1 & 1.8 \end{bmatrix} \begin{bmatrix} x_1(t) \\ x_2(t) \end{bmatrix} + \begin{bmatrix} 5 \\ 2.01 \end{bmatrix} u(t) \\ y(t) = \begin{bmatrix} 10.1 & 4.5 \end{bmatrix} \begin{bmatrix} x_1(t) \\ x_2(t) \end{bmatrix} \end{cases} \qquad (2.90)$$

est discrétisé à $h = 0.1\,s$. La commande par retour d'état avec gain $K = \begin{bmatrix} 1.7436 & -1.1409 \end{bmatrix}$ a été calculée en considérant une opération stable avec retard jusqu'à $73\,ms$, valeur considérée limite et obtenue avec une méthode conservative (cf. [Naghshtabrizi et Hespanha, 2005]).

Nous allons évaluer l'indice Q_σ proposé à §2.3 au travers de l'équation (2.17). Tout d'abord il nous faut déterminer les limites σ_{max} et σ_{min}. Pour cela nous calculons, afin de déterminer σ, le grammien de commandabilité à l'aide de la méthode ERA/OKID compte tenu des retards et de la perte de l'efficacité en utilisant les équations (2.88) et (2.89). Le tracé obtenu est présenté à la figure 2.9.

Dans cette figure nous observons que la valeur minimale (sans retards et sans défaut) est de $\sigma_{min} = \sigma = 35.62$. Afin d'illustrer l'impact de la combinaison des retards et des défauts sur la

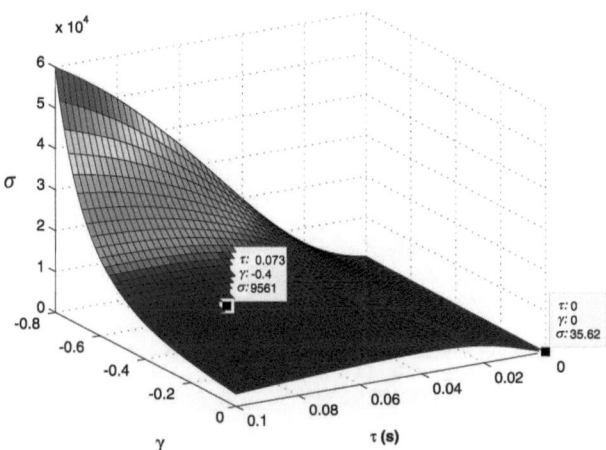

FIG. 2.9 – Reconfigurabilité σ par rapport aux défauts et retards

commande du système, nous considérons le résultat de [Naghshtabrizi et Hespanha, 2005] avec un retard maximum calculé de $\tau = 73\,ms$ et une perte de l'efficacité sur l'actionneur de 40% ($\gamma = -0.4$), définissant ainsi la plage d'opération du système. À partir de cela nous cherchons ces deux points dans la courbe de la figure 2.9 et trouvons $\sigma_{max} = \sigma = 9561$, valeur également illustrée sur la même figure. Compte tenu de ces valeurs limites, nous obtenons l'indice montré à la figure 2.10.

Si nous regardons l'effet de chaque phénomène (γ et τ) séparément, nous notons que la décroissance de la valeur de Q_σ par rapport à l'augmentation de τ est supérieure à celle par rapport à l'augmentation de γ. Cela veut dire que nous obtenons une meilleure valeur Q_σ si on considère le seul effet du défaut. En fait la reconfigurabilité de ce système est très bonne. Néanmoins, il faut noter que Q_σ, étant un indicateur de la reconfigurabilité de la commande, avec une valeur proche de zéro ne représente pas forcément une performance de sortie trop dégradée, sinon que la reconfiguration/accommodation du défaut ne peut pas être admissible en risquant de s'approcher de l'instabilité de la boucle fermée.

Par contre, si les deux phénomènes se produisent de manière conjointe leur effet sur l'indice est plus marqué mais également irrégulière. À mesure que la perte de l'efficacité augmente, l'impact des retards est plus notable sur la valeur de l'indice : celui-ci diminue rapidement à cause de l'augmentation du retard. Ceci se constate en regardant la figure 2.11 (obtenue à partir de la figure 2.10).

Dans la figure 2.11 nous observons avec detail la perte de reconfigurabilité d'après l'indice Q_σ. La forme irrégulière de la courbe nous indique que l'effet du défaut peut modifier la dynamique du système de forme que le système peut être reconfigurable sous certaines conditions de défaut. Par exemple, avec une perte d'efficacité de 10% ($\gamma = -0.1$) le retard fait varier Q_σ entre 0.65 et 0.4, à partir d'un retard 0.02 le système reste dans une dynamique relativement uncertain par

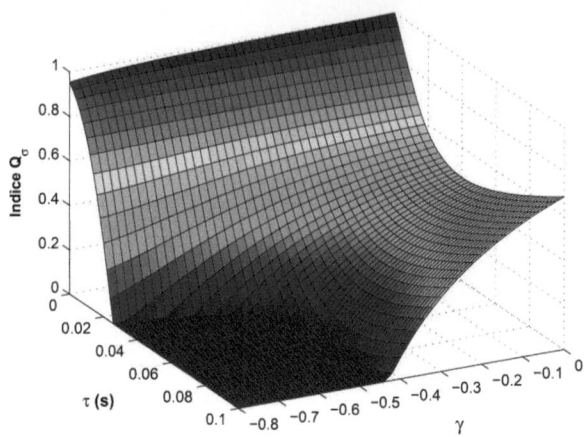

FIG. 2.10 – Indice basé sur la reconfigurabilité par rapport aux défauts et retards

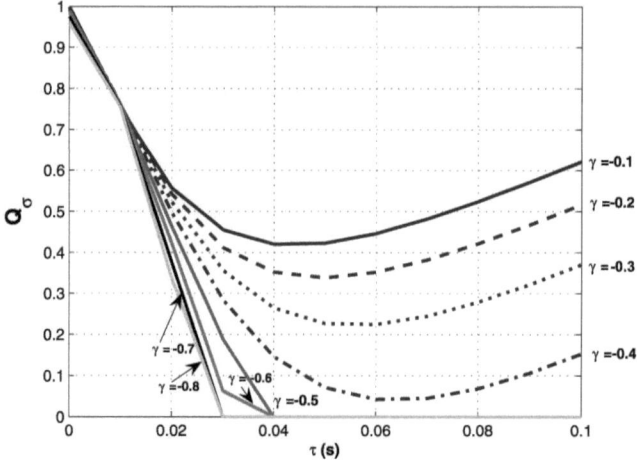

FIG. 2.11 – Détail de l'indice Q_σ par rapport aux retards et à la perte de l'efficacité

rapport à sa capacité tolérante aux défauts. Cependant Q_σ chute si l'effet du défaut est plus marqué, comme se montre quand γ augmente (cf. $\gamma = -0.5$ jusqu'à $\gamma = -0.8$ sur la figure). Donc la reconfigurabilité se perd si en plus de la perte de l'efficacité, les retards se produisent.

Afin d'illustrer l'impact de chaque phénomène sur la dynamique du système bouclé et à titre

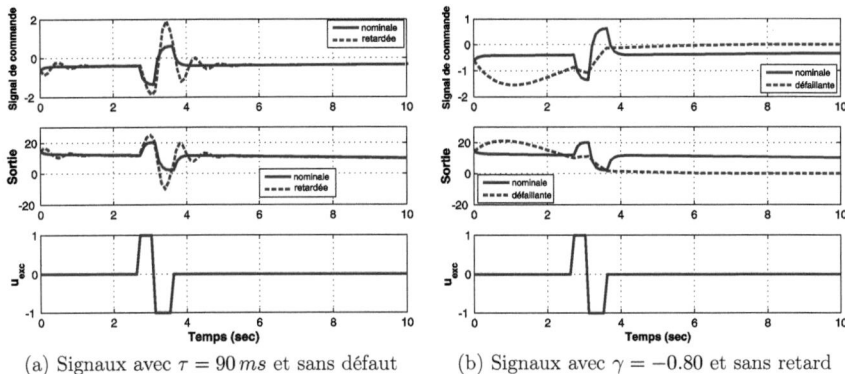

(a) Signaux avec $\tau = 90\,ms$ et sans défaut   (b) Signaux avec $\gamma = -0.80$ et sans retard

FIG. 2.12 – Réponse du système avec retard et défaut : effets séparés

d'exemple, la figure 2.12 présente la réponse du système à la condition initiale $x_0 = \begin{bmatrix} 1 & 1 \end{bmatrix}^T$ lorsque le retard et le défaut sont considérés séparément.

La figure 2.12 (a) montre les signaux de sortie, de commande et d'excitation (utilisée pour calculer l'ISO et ainsi déterminer σ au travers de la méthode ERA/OKID) dans le cas d'un retard de $\tau = 90\,ms$ mais sans défaut ($\gamma = 0$). Le signal de commande affecté par le retard (ligne en tirets) présente quelques oscillations mais à la fin il reprend le même comportement que le signal nominal. Le signal de sortie retardé (ligne en tirets) a le même comportement. D'autre part, la figure 2.12 (b) présente les mêmes signaux quand la perte d'efficacité de l'actionneur est de 80% ($\gamma = -0.8$) mais sans retard ($\tau = 0$). Les signaux de commande et de sortie pour le système en défaut (lignes en tirets) sont tellement affectés qu'ils ne suivent pas le comportement des signaux nominaux. Il y a un écart notable.

Compte tenu de ces deux figures, nous notons que les signaux de sortie et de commande sont plus affectés par les défauts que par les retards.

Par contre si le défaut est accompagné d'un retard, les effets sur l'indice et donc sur la reconfigurabilité sont plus accentués, ce qui affecte également la performance de sortie. Par exemple, sur la figure 2.13 se présentent les signaux de la réponse à la condition initiale $x_0 = \begin{bmatrix} 1 & 1 \end{bmatrix}^T$ avec un retard de $\tau = 90\,ms$ et une perte de l'efficacité de $\gamma = -0.8$. Là (ligne en tirets), nous pouvons noter que le signal de sortie est plus affecté puisqu'il s'écarte du signal nominal et donc de la condition stable. Également le signal de commande est plus perturbé par rapport aux cas présentés à la figure 2.12.

Par conséquent, le tracé de la figure 2.10 nous permet de constater que l'effet des retards et de la perte d'efficacité de l'actionneur affectent de façon plus marquée l'indice Q_σ et par conséquence le système de commande. De plus, pour ce système la stabilité de la boucle fermée est préservée en dépit des retards et défauts. Le signal de commande permet une commandabilité jusqu'à la limite de la dégradation. Il faut noter que cette courbe est très particulière à la loi de commande choisie, celle-ci à été conçue pour garantir une opération admissible jusqu'à la valeur de retard trouvée par [Naghshtabrizi et Hespanha, 2005]. En fait, différentes lois de commande donneront

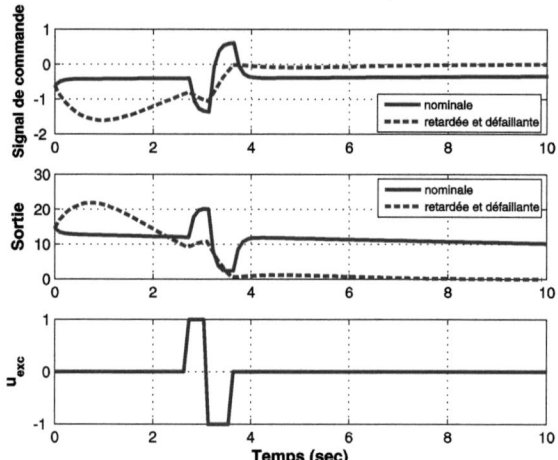

FIG. 2.13 – Réponse du système avec retard et défaut : effets combinés ($\tau = 90\,ms$, $\gamma = -0.8$)

des courbes différentes et donc les limites par rapport aux retards seront également différentes. En sus, le choix de la commande pour un SCR doit être un compromis entre les capacités à commander sous les possibles effets des retards et défauts et de la performance de sortie. Notre indice permet donc de visualiser ces effets conjointement.

Au Chapitre 1 on a vu que la synthèse de l'information du second ordre permet jusqu'à un certain degré d'établir la forme de cette courbe, étant donné que l'indice Q_σ dépend de celle-ci. Donc, à partir des résultats obtenus dans ce dernier exemple, nous pouvons envisager qu'une commande synthétisant l'ISO afin d'assurer une courbe régulière pour Q_σ, pourrait servir à définir un fonctionnement donné du système de commande sous conditions adverses provoquées par la possible apparition des retards et des défauts.

2.9 Conclusion

Ce chapitre a eu pour but de présenter une méthodologie de calcul de l'information du second ordre à partir de données d'entrée/sortie afin de proposer un indice basé sur la reconfigurabilité du système. La reconfigurabilité est obtenue à partir de l'information du second ordre ainsi calculée et elle représente la capacité du système à la restitution des objectifs de commande en fonction de l'énergie de consommation ou en fonction de la propriété de commandabilité.

Lors de l'apparition des défauts du type perte d'efficacité actionneurs, le système peut préserver la commandabilité, mais cela n'implique pas que l'opération soit correcte puisque ceci peut entraîner un risque pour les actionneurs qui travaillent sous ces conditions, même si la saturation des actionneurs se présente. C'est pourquoi nous avons utilisé le concept d'admissibilité, pour établir une borne d'opération aux termes de l'indice que nous proposons.

Nous avons montré que les mesures principales de la reconfigurabilité proposées dans la littérature (une comme propriété du système, l'autre comme le coût énergétique dépensé par le système) sont inversement proportionnelles dans le même espace coordonné équilibré et, aux termes de l'indice proposé, elles sont équivalentes. Donc, l'indice proposé est unificateur de ces mesures.

Afin de calculer cet indice pour un système déjà implanté, nous avons proposé l'obtention d'une réalisation du système à partir des données entrée/sortie. Nous avons choisi l'utilisation de la méthode ERA puisqu'elle est fondée sur les mêmes bases de la reconfigurabilité : une énergie déterminée affectant le système révèle les états les plus excités par l'entrée externe utilisée. Puisque la méthode ERA a besoin des paramètres de Markov du système, nous avons choisi de les récupérer au travers d'un observateur. Grâce à cette technique d'identification, nous avons calculé l'indice à la demande (à certains intervalles de temps requis) afin de déterminer la capacité du système à continuer, à reconfigurer ou arrêter l'opération au moment de l'apparition d'un défaut. Enfin, nous avons présenté un exemple académique afin de montrer l'utilisation de l'indice proposé.

La fin du chapitre a été consacrée à présenter le calcul de l'ISO en ligne pouvant servir son estimation comme un potentiel indicateur de l'impact des retards et des défauts sur la reconfigurabilité du système commandé en réseau. Ce calcul en ligne peut s'avérer être un indicateur très spécifique des SCRs tolérants aux défauts même s'il est utilisé dans la phase de conception avant de mettre en œuvre la loi de commande ainsi calculée.

Chapitre 3

Information du second ordre appliquée à la tolérance aux défauts

Ce chapitre a pour objectif de présenter des stratégies de commande tolérante active aux défauts actionneurs synthétisées dans le contexte déterministe de l'information du second ordre en considérant un module de diagnostic de défauts idéal. De même, l'hypothèse des états disponibles pour mesure at donc l'utilisation d'une commande par retour d'état est maintenue.

Nous nous intéressons à ce sujet parce que nous avons proposé, dans une premier temps, des méthodes de calcul en ligne de l'information du second ordre sans tenir compte du type de commande utilisée. Maintenant nous allons considérer la synthèse de la commande permettant d'imposer une information du second ordre (vue au Chapitre 1) requise afin de imposer également la reconfigurabilité du système en boucle fermée. De cette manière nous pouvons savoir *a priori* la valeur imposée, mais également la calculer en ligne pour comparaison de résultats et donc savoir la condition (en présence ou absence de défauts) du système.

Dans une première partie, nous présentons une méthode d'accommodation pour systèmes continus mono entrée. La commande tolérante aux défauts est synthétisée en considérant les défauts sous forme additive des signaux externes du type perturbation. Le principe de la méthode de la pseudo inverse modifiée est exploité afin de préserver la stabilité du système.

La deuxième partie de ce chapitre est consacrée à la synthèse de l'information du second ordre au travers de la commande par retour d'état pour des systèmes continus multivariables dans le cas de défauts du type perte de l'efficacité des actionneurs. De cette façon les conditions d'assignation peuvent être assurées en présence de défauts. Ces mêmes conditions seront validées pour le cas des systèmes discrets multivariables, ce qui est en accord avec la forme de calcul de l'information du second ordre présentée au Chapitre 2.

Des exemples académiques sont considérés afin d'illustrer les performances des stratégies développées. Enfin nous présentons les conclusions par rapport aux méthodes proposées.

3.1 Commande tolérante active pour des systèmes SIMO

Cette section présente une stratégie de commande tolérante aux défauts pour les systèmes SIMO (*single-input multiple output*, en anglais). Tout d'abord, nous proposons de rappeler la méthode de la pseudo-inverse générale (le cas MIMO) en considérant des défauts du type perte d'efficacité des actionneurs. Cette méthode est utile à la stratégie développée dans le cadre de notre travail. Cela nous permettra de considérer des incertitudes paramétriques structurées dans le cadre de l'information du second ordre. Le développement et résultats ont été présentés dans [González-Contreras *et al.*, 2007b] et [González-Contreras *et al.*, 2007a].

3.1.1 La méthode de la pseudo-inverse et pseudo-inverse modifiée : rappel

La méthode de la pseudo-inverse (pseudo-inverse method – PIM, en anglais) est une méthode très connue proposée dans les années 80 dans le domaine de l'aéronautique [Wills *et al.*, 2001], [Bakaric *et al.*, 2003]. Au Chapitre 1 (§1.3.3, p. 32) nous avons présenté un résumé des formes dans lesquelles la PIM a été utilisée dans la littérature de la tolérance aux défauts.

La base générale de la PIM considère le système linéaire nominal (strictement propre) représenté sous la forme :

$$\begin{cases} \dot{x}(t) & = Ax(t) + Bu(t) \\ y(t) & = Cx(t), \end{cases} \tag{3.1}$$

où $x(t) \in \mathbb{R}^n$, $y(t) \in \mathbb{R}^m$, $u(t) \in \mathbb{R}^r$, avec matrices $A \in \mathbb{R}^{n \times n}$, $B \in \mathbb{R}^{n \times r}$, $C \in \mathbb{R}^{m \times n}$. Sous conditions normales d'opération la commande par retour d'état est donnée par

$$u(t) = Kx(t), \tag{3.2}$$

où $K \in \mathbb{R}^{m \times n}$. Le système en boucle fermée s'exprime sous la forme suivante :

$$\dot{x}(t) = (A + BK)x(t). \tag{3.3}$$

En présence de défauts, le système peut être représenté sous la forme

$$\begin{cases} \dot{x}_f(t) & = A_f x_f(t) + B_f u_f(t) \\ y_f(t) & = C x_f(t). \end{cases} \tag{3.4}$$

L'indice f indique la situation en défaut du système, en conséquence les dimensions de chaque vecteur et matrice restent inchangées. Sous cette condition l'équation (3.3) s'écrit sous la forme :

$$\dot{x}_f(t) = (A_f + B_f K_f)x_f(t), \tag{3.5}$$

qui parfois est instable et invariablement modifie les objectifs initiaux de la commande. L'objectif de la reconfiguration et par conséquent de la PIM, est de retrouver une nouvelle matrice K_f :

$$u_f(t) = K_f x_f(t). \tag{3.6}$$

telle que la dynamique du système défaillant en boucle fermée (3.5) soit égale à celle du système sans défaut (3.3).

Pour ce faire, la différence entre système nominal et défaillant doit être minimisée. L'écart s'exprime comme une différence dépendant de la matrice de gain K_f, matrice que nous pouvons manipuler après le diagnostic du défaut. Cette différence, notée $J(K_f)$, s'exprime sous la forme :

$$J(K_f) = \|(A_f + B_f K_f) - (A + BK)\|_N, \tag{3.7}$$

où la norme $\| \cdot \|_N$ peut être la norme Frobenius [Gao et Antsaklis, 1991] ou une autre norme (norme euclidienne, norme p, etc.) [Zhou et al., 1996] afin de considérer l'écart entre matrices. La solution qui minimise (3.7) est égale à :

$$K_f^* = arg \min J(K_f) \tag{3.8}$$

et peut être obtenue à partir de :

$$(A + BK) = (A_f + B_f K_f), \tag{3.9}$$

d'où :

$$K_f = B_f^+ (A - A_f + BK), \tag{3.10}$$

B_f^+ étant la matrice pseudo inverse de B_f. Notons dans cette solution que si B_f est de rang plein $(n = r)$, (3.10) a besoin d'un inverse simple. Si B_f est de rang inférieur $(r < n)$, alors (3.10) est une solution approximative de (3.7).

Le principal inconvénient de la PIM réside dans son incapacité à garantir la stabilité de la boucle fermée (3.5). En effet, la minimisation du critère $J(K_f)$ ne considère pas la stabilisation du système, sinon simplement pour assurer l'égalité entre le système nominal et défaillant. Pour éviter ce problème, Gao [Gao et Antsaklis, 1992] a proposé de considérer la PIM comme un cas particulier de suivi du modèle (*model following*, en anglais), ou plus récemment [Staroswiecki, 2005a], [Staroswiecki, 2005b], [Staroswiecki et Cazaurang, 2008] sous la forme de *model matching*.

La synthèse du gain K_f est réalisée en cherchant à approcher le système défaillant en boucle fermée par le modèle de référence connu et fixe des performances à atteindre. Alors on cherche à trouver une approximation et non une solution exacte du critère $J(K_f)$. Un ensemble de matrices $\mathcal{M}$ est considéré pour satisfaire les performances du système en boucle fermée qui sont solution à

$$\dot{x}(t) = Mx(t), \quad \forall M \in \mathcal{M}. \tag{3.11}$$

Ces solutions sont dites admissibles, c'est-à-dire qu'elles représentent un comportement dynamique acceptable. L'ensemble des modèles de référence $\mathcal{M}$ est défini hors ligne selon les conditions suivantes :

- Dans le cas défaillant il faut que $A_f - B_f K_f \in \mathcal{M}$
- Chaque M doit être stable
- $\mathcal{M} = \{M$ sujet à $\Phi(M) \leq 0\}$, où la fonction $\Phi : \mathbb{R}^{n \times n} \rightarrow \mathbb{R}^d$ est connue et représente les entrées de la matrice M, avec d contraintes scalaires à satisfaire. L'inégalité sur $\Phi(M)$ indique que chaque élément de M doit être négatif.

Cette approche a été utilisée avec succès dans les travaux de [Ciubotaru et al., 2006] et de [Guenab, 2007].

Par ailleurs, Gao [Gao et Antsaklis, 1991] a proposé la PIM modifiée (*modified PIM–MPIM*, en anglais), où il a considéré des incertitudes paramétriques structurées pour le calcul du nouveau gain de la boucle fermée. Le problème de la stabilité est résolu en considérant la nouvelle matrice K_f comme une variation paramétrique pour ainsi définir les bornes dans lesquelles le système reste stable au moment d'approcher le système défaillant à l'original. Dans le cadre de nos travaux de recherche, nous utilisons ce résultat pour développer une méthode d'accommodation de défauts fondée sur la synthèse de l'information du second ordre (ISO) en boucle fermée.

Comme suggéré par Gao [Gao et Antsaklis, 1991], la matrice du système affectée par une matrice des incertitudes paramétriques structurées ΔA est considérée pour représenter le système sous la forme :

$$\dot{x}(t) = (A + \Delta A)\, x(t), \tag{3.12}$$

où ΔA définit une perturbation par rapport aux variations structurées du produit BK impliquant des possibles variations soit sur K soit sur B.

La matrice des incertitudes paramétriques structurées ΔA est définie sous la forme suivante :

$$\Delta A = \sum_{i=1}^{n} p_i \Delta A_i, \tag{3.13}$$

où ΔA_i ($i = 1, 2, \ldots, \underline{n}$) sont des matrices constantes, $\underline{n} \leq n$, et les p_i sont des paramètres incertains variants tels que $p_i \in [-\varepsilon_i,\ \varepsilon_i]$ et $\varepsilon_i \in \mathbb{R}^+$. Par exemple, si

$$\Delta A = \begin{bmatrix} p_1 + 2p_2 & p_1 \\ 3p_2 & 0 \end{bmatrix},$$

alors $p_1 \in [-\varepsilon_1, \varepsilon_1]$ et $p_2 \in [-\varepsilon_2, \varepsilon_2]$ et

$$\Delta A_1 = \begin{bmatrix} 1 & 1 \\ 0 & 0 \end{bmatrix},\ \Delta A_2 = \begin{bmatrix} 2 & 0 \\ 3 & 0 \end{bmatrix}.$$

Les valeurs des incertitudes paramétriques p_i sont des solutions proposées par [Yedavalli, 1985], [Zhou et Khargonekar, 1987] et elles sont fondées sur des équations de Lyapunov. Une fois ces valeurs calculées, on peut assurer la stabilité du système. Puisque l'on peut avoir $\underline{n}$ incertitudes à considérer, il est possible d'utiliser une seule valeur représentative, appelée la *borne stabilisatrice* [Gao et Antsaklis, 1991] notée α. Cette valeur représentative peut être la *valeur maximale* des valeurs de p_i :

$$\alpha = \max_i \{p_i\} \tag{3.14}$$

Afin d'utiliser la borne stabilisatrice, tout d'abord il est appliqué la PIM à la différence du système original et défaillant. Ceci nous permet de définir une matrice compensatrice Δk comme suit :

$$\Delta k = B_f^+ \left((A + BK) - (A_f + B_f K_f) \right). \tag{3.15}$$

Notons que nous considérons la pseudo-inverse de la matrice en défaut B_f. Ensuite la matrice compensatrice (3.15) est affectée par la borne stabilisatrice α afin d'approcher le système défaillant au système nominal [Gao et Antsaklis, 1991] compte tenu de la stabilité assurée par les valeurs de chaque p_i trouvées. Le gain de la MPIM est représenté sous la forme :

$$K_{MPIM} = K_f + \alpha\, \Delta k. \tag{3.16}$$

Notons que les valeurs des bornes pour les variations paramétriques p_i sont, en quelque sorte, arbitraires puisque ces valeurs dépendent du critère choisi pour les calculer. Ces critères peuvent être ceux de [Yedavalli, 1985] ou [Zhou et Khargonekar, 1987], proposés par Gao dans [Gao et Antsaklis, 1991].

En fait, compte tenu des incertitudes paramétriques structurées de la forme (3.13), différentes approches concernant la stabilité du système ont été proposées. Ceci afin de rendre moins conservatrice la solution finale du problème. Dans ces approches, comme celles de [Yedavalli, 1985] et [Zhou et Khargonekar, 1987], un critère de Lyapunov pour établir les conditions de stabilité globale est toujours utilisé.

Dans le contexte de l'information du second ordre, cette stabilité est assurée au départ puisque ce type de synthèse de la loi de commande est fondée sur une équation de Lyapunov. Il est possible donc de rapporter la matrice X (l'information du second ordre) ainsi synthétisée à la stabilité du système défaillant compte tenu des incertitudes paramétriques structurées (3.13). De cette forme, dans le contexte de la MPIM et une fois le défaut détecté, la synthèse de la loi de commande en fonction de l'information du second ordre va permettre premièrement, de stabiliser le système défaillant et puis de se rapprocher du système original en modifiant le gain de commande compte tenu de la solution trouvée à chaque p_i constituant $\Delta \bar{A}$ dans (3.13).

3.1.2 Assignation de l'information du second ordre des systèmes SIMO

Soit le système dynamique, en présence d'une perturbation externe $w_o(t)$, représenté sous la forme :

$$\begin{cases} \dot{x}_o(t) = A_o x_o(t) + B_o u(t) + D_p w(t) \\ y(t) = C_o x_o(t). \end{cases} \tag{3.17}$$

où $w(t) \in \mathbb{R}^q$ est défini comme une perturbation d'énergie bornée et D_p est la matrice associée à la distribution de la perturbation. Dans le cadre de notre étude, nous considérons les hypothèses suivantes :

   i) $D_p = B_o$,

   ii) la paire (A_o, B_o) est complètement commandable.

L'hypothèse *i)* permet de considérer les perturbations comme des défauts liés à la perte d'efficacité de l'actionneur. Cette considération sera présentée dans la section qui suit.

Par conséquent l'équation (3.17) est représentée sous la forme :

$$\begin{cases} \dot{x}_o(t) = A_o x_o(t) + B_o \left(u(t) + w(t) \right) \\ y(t) = C_o x_o(t). \end{cases} \tag{3.18}$$

L'hypothèse *ii)* nous conduit à pouvoir exprimer le système dynamique sous la forme canonique commandable monovariable. En conséquence nous pouvons trouver une matrice régulière de transformation T qui dépend de la matrice de commandabilité obtenue de la paire (A_o, B_o) [Larminat, 1996], [D'Azzo et Houpis, 1995] (cf. Annexe B). Soit $x_o(t) = T^{-1}x(t)$ alors (3.18) s'exprime sous la forme :

$$\begin{cases} \dot{x}(t) = Ax(t) + B(u(t) + w(t)) \\ y(t) = Cx(t), \end{cases} \tag{3.19}$$

où

$$A = T A_o T^{-1}, \quad B = T B_o, \quad C = C_o T^{-1}. \tag{3.20}$$

Les matrices (A, B) de (3.19) sont exprimées sous la forme :

$$A = \left[\begin{array}{c|c} \mathbf{0} & \mathbf{I}_{n-1} \\ \hline & -a^T \end{array} \right], \ B = \left[\begin{array}{c} \mathbf{0} \\ 1 \end{array} \right], \tag{3.21}$$

où a^T représente les éléments de la dernière ligne de la matrice en boucle ouverte A, c'est-à-dire les coefficients de l'équation caractéristique, comme suit :

$$a^T = \left[\begin{array}{cccc} a_1 & a_2 & \ldots & a_n \end{array} \right], \tag{3.22}$$

avec ^{T} représentant la transposée d'une matrice.

Nous synthétisons l'information du second ordre d'une forme similaire à celle de placement de pôles par retour d'état [D'Azzo et Houpis, 1995], [Friedland, 1996], [Ogata, 1997]. Nous procédons ensuite en considérant la loi de commande par retour d'état :

$$u(t) = Kx(t), \tag{3.23}$$

avec $K \in \mathbb{R}^{1 \times n}$, conduit à la représentation de la bouclé fermée sous la forme :

$$\dot{x}(t) = (A + BK) \, x(t) + Bw(t) = \bar{A}x(t) + Bw(t). \tag{3.24}$$

Afin de calculer la matrice K, nous procédons comme suit. Les coefficients du polynôme caractéristique de la matrice en boucle fermée $(\bar{A} = A + BK)$ forment le vecteur $\bar{a}^T$, comme indiqué ci-après :

$$\bar{A} = \left[\begin{array}{c|c} \mathbf{0} & \mathbf{I}_{n-1} \\ \hline & -\bar{a}^T \end{array} \right]. \tag{3.25}$$

La matrice de gain du retour d'état s'exprime dans ces termes sous la forme :

$$\begin{aligned} K &= \left[\begin{array}{cccc} k_1 & k_2 & \ldots & k_n \end{array} \right], \\ k_i &= a_i - \bar{a}_i, \end{aligned} \tag{3.26}$$

Il y a n valeurs de $\bar{a}_i$, $i = 1, \ldots, n$ et le même nombre des valeurs différentes de zéro pour la matrice X, qui représente l'information du second ordre du système. La matrice X à synthétiser est de la forme [Sreeram et Agathoklis, 1992] :

$$\begin{aligned} X &= [x_{jk}], \ \forall j, k = 1, \ldots, n \\ x_{jk} &= \left\{ \begin{array}{ll} 0 & j + k \neq 2l, \ l = 1, 2, \ldots, n \\ (-1)^{(j-k)/2} X_{ll} & j + k = 2l, \ l = 1, 2, \ldots, n \end{array} \right. \end{aligned} \tag{3.27}$$

où chaque x_{jk} représente les éléments de X.

Nous allons diviser les éléments du vecteur a de (3.22) en deux vecteurs contenant les éléments pairs et impairs, de la forme suivante :

$$a_e = \begin{bmatrix} a_2 & a_4 & a_6 & \cdots \end{bmatrix}^T, \ a_o = \begin{bmatrix} a_1 & a_3 & a_5 & \cdots \end{bmatrix}^T, \tag{3.28}$$

où $a_o \in \mathbb{R}^{n_o}$, $a_e \in \mathbb{R}^{n_e}$. Également, nous groupons les éléments de la matrice X de la façon suivante :

$$
X_o = \begin{bmatrix}
x_{11} & -x_{22} & x_{33} & \cdots \\
-x_{22} & x_{33} & x_{44} & \vdots \\
x_{33} & -x_{44} & \ddots & \\
& \vdots & & etc.
\end{bmatrix}, \tag{3.29a}
$$

$$
X_e = \begin{bmatrix}
x_{22} & -x_{33} & x_{44} & \cdots \\
-x_{33} & x_{44} & -x_{55} & \vdots \\
x_{44} & -x_{55} & \ddots & \\
& \vdots & & etc.
\end{bmatrix}, \tag{3.29b}
$$

où $X_o \in \mathbb{R}^{n_o \times n_o}$ et $X_e \in \mathbb{R}^{n_e \times n_e}$. Si $n =$pair, $n_o = n_e = n/2$; si $n =$impair, $n_o = n_e + 1$ et $n_e = (n-1)/2$. Compte tenu de ces groupements, le gain du retour d'état est donné par :

$$
K = a^T - \bar{a}^T. \tag{3.30}
$$

Nous utilisons le théorème suivant pour calculer les coefficients de $\bar{a}$ dans (3.30) et donc calculer K.

Théorème 3.1. *[Skelton et al., 1998] Pour le système linéaire continu décrit par (3.19) les propriétés suivantes sont équivalentes :*

(i) *Les matrices X_o, X_e sont définies positives.*

(ii) *L'ensemble de coefficients $\bar{a}_i$ correspond à un polynôme stable (les racines du polynôme sont dans la partie gauche du plan complexe).*

(iii) *Pour $n =$pair :*

$$
\bar{a}_o = X_o^{-1} X_e \mathbf{1}, \; \bar{a}_e = \frac{1}{2} X_e^{-1} \mathbf{1}, \; \mathbf{1} = \begin{bmatrix} \mathbf{0}_{n_e - 1} \\ 1 \end{bmatrix}, \tag{3.31}
$$

et pour $n =$impair :

$$
\begin{cases}
\bar{a}_o = \frac{1}{2} X_o^{-1} \mathbf{1}, \; \bar{a}_e = X_e^{-1} \begin{bmatrix} \mathbf{0}_{n_e} & \mathbf{I}_e \end{bmatrix} X_o \mathbf{1}, \\
\mathbf{1} = \begin{bmatrix} \mathbf{0}_{n_o - 1} \\ 1 \end{bmatrix}, \; \mathbf{I}_e = I_{n_e \times (n_o - 1)},
\end{cases} \tag{3.32}
$$

$\square$

Le corollaire suivant a pour objectif d'indiquer où seront placées les parties réelles des pôles du système en boucle fermée en utilisant la synthèse de la loi de commande en fonction de l'information du second ordre (la matrice X). De cette façon le choix de X peut être lié à l'emplacement initial (sans défaut) des pôles du système en boucle fermée.

Corollaire 3.2. *[Skelton et al., 1998] Le scalaire positif η donné par*

$$\eta = \frac{1}{2}\mathbf{1}^T X_e^{-1}\mathbf{1}, \; n = pair$$
$$= \frac{1}{2}\mathbf{1}^T X_o^{-1}\mathbf{1}, \; n = impair, \tag{3.33}$$

représente la ligne verticale du plan complexe qu'indique le placement des pôles de la boucle fermée entre $-\eta + j\omega$ et 0, avec $0 \leq \omega < \infty$. La moyenne des pôles est η/n. □

Le gain de la loi de commande par retour d'état (3.30) permet de satisfaire l'équation de Lyapunov :

$$(A + BK)X + X(A + BK) + BB^T = 0 \tag{3.34}$$

par rapport à (3.24) permettant d'assurer la stabilité de la boucle fermée.

À noter que quelques valeurs de la matrice X dans (3.27) sont des variables libres dont la valeur est choisie de façon arbitraire. Ceci parce que la valeur η dans (3.33) est seulement un repère permettant un emplacement des pôles afin d'obtenir une équivalence (par rapport au pôles) entre le système en défaut et le système original. Néanmoins, nous pouvons remarquer que cette matrice représente le grammien de commandabilité.

3.1.3 Méthode de reconfiguration basée sur la MPIM

Afin d'utiliser la synthèse précédemment présentée, l'effet du défaut est considéré comme une entrée externe au système nominal. Par conséquent, dans (3.19) nous prenons $w(t) = f_a(t)$ et donc

$$\dot{x}(t) = Ax(t) + B\left(u(t) + f_a(t)\right). \tag{3.35}$$

Nous remarquons que l'effet du défaut reste représenté dans le vecteur $f_a(t)$, de cette façon, la synthèse de la loi de commande en fonction de l'information du second ordre est utilisée pour assurer la stabilité du système en boucle fermée lorsqu'un défaut type actionneur se produit.

Mais il nous faut assurer la stabilité lors de la variation de ce gain. Ces variations sont faites afin de rapprocher le système obtenu de l'original. Pour cela, nous utilisons le principe de la MPIM. Puisque nous allons faire varier la valeur du gain de la boucle fermée du système accommodé afin d'approcher ce système de l'original, nous considérons un bouclage avec la matrice K_f associée au système défaillant comme suit :

En considérant la présence de défauts, le système est représenté sous la forme :

$$\dot{x}(t) = (A + B_f K)x(t) + Bf_a(t). \tag{3.36}$$

Puisque le défaut est contenu dans le vecteur $f_a(t)$ la matrice B associée à ce vecteur reste inchangée, néanmoins l'effet reste au travers du retour d'état, comme représenté dans (3.36).

Nous prenons $A + B_f K = A + \Delta \bar{A}$ et sous cette forme nous considérons les variations paramétriques (3.12) par rapport au système (3.36). Notons que la synthèse de l'information du second ordre nous permet simultanément de rapporter certaines bornes aux variations paramétriques structurées définies sous la forme (3.12) selon la valeur de la matrice X choisie. Le théorème suivant donne les bornes associées à la matrice X assignée par la commande (3.30).

Théorème 3.3. *[Corless et al., 1989] Si l'on considère une matrice non singulière positive X satisfaisant l'équation de Lyapunov (3.34), le système décrit par (3.12), où ΔA est une matrice de variations paramétriques structurées définies par (3.13), est asymptotiquement stable si*

$$\sum_{i=1}^{n} p_i^2 \leq \frac{\beta^2}{\bar{\sigma}^2[S]}, \tag{3.37}$$

$$S = \Gamma^{-1}\left([\Delta A_1 \ \Delta A_2 \ \ldots \ \Delta A_{\underline{n}}]\right)\Gamma, \tag{3.38}$$

où $X = \Gamma\Gamma^T$, $\bar{\sigma}$ représente la valeur singulière maximale d'une matrice et

$$\beta = 1 - \bar{\sigma}\left[\Gamma^{-1}A\Gamma\right] \tag{3.39}$$

est une constante. □

Remarquons que le choix des matrices incertaines (3.13) est arbitraire. Néanmoins il est possible de normaliser ces matrices compte tenu que les valeurs p_i à trouver déterminent l'amplitude de la matrice ΔA. Cela signifie que les éléments de la matrice ΔA peuvent être choisis avec une amplitude de valeur égale ou inférieure à 1 [Yedavalli, 1985] :

$$[\Delta A]_{jk} \leq |1|, \ \forall \, j, \, k = 1, \ldots, n. \tag{3.40}$$

Compte tenu du Théorème 3.3, nous pouvons considérer l'approche proposée par [Gao et Antsaklis, 1991] pour établir la MPIM en fonction de l'information du second ordre synthétisée. Nous considérons que le système nominal en boucle fermée est représenté sous la forme :

$$\dot{x}(t) = (A + BK_{nom})x(t) \tag{3.41}$$

et le système défaillant est celui représenté par (3.36). Comme proposé par [Gao et Antsaklis, 1991], nous trouvons un gain au travers de la pseudo-inverse de la matrice défaillante B_f en utilisant le principe de la MPIM (cf. équation (3.15) avec $A = A_f$) de forme suivante :

$$\Delta K = B_f^+\left((BK_{nom}) - (B_f K)\right). \tag{3.42}$$

Ce gain va compenser la commande stabilisatrice K afin de s'approcher du système défaillant. Pour ne pas rendre instable le système ainsi obtenu, nous prenons en compte des variations paramétriques structurées obtenues par le Théorème 3.3. Nous considérons donc la borne stabilisatrice α obtenue à partir des paramètres p_i. Il suffit par la suite de calculer le gain K_Δ comme suit :

$$K_\Delta = K + \alpha\,\Delta K, \tag{3.43}$$

où α est le scalaire défini comme la borne stabilisatrice (3.14). Nous remarquons que le gain (3.30) assure la stabilité du système, mais au travers de (3.37)–(3.39) nous garantissons la stabilité du système lorsque nous essayons de nous approcher du système nominal pour retrouver les performances initiales en utilisant (3.43).

Donc, le système reconfiguré est donné par :

$$\dot{x}(t) = (A + BK_\Delta)\,x(t) + Bf_a(t), \tag{3.44}$$

c'est-à-dire, l'effet du défaut est considéré comme une entrée externe d'un point de vue de la synthèse de l'information du second ordre.

Nous avons pris en compte les mêmes conditions de [Gao et Antsaklis, 1991] (cf. équations (3.15) et (3.16)), mais nous avons considéré une commande qui stabilise le système et en même temps elle donne les bornes de stabilité face aux incertitudes paramétriques structurées requises pour approcher le système défaillant au nominal.

Nous avons les remarques suivantes par rapport à l'application de la stratégie de reconfiguration basée dans l'information du second ordre.

Remarque 3.1. Quand le système en défaut est instable, cette approche est conseillée afin de retrouver la performance du système d'une façon systématique. Toutefois, si le système en défaut est stable, la PIM décrite dans la section 3.1 (équation (3.10)) est suffisante pour la reconfiguration.

Remarque 3.2. Le calcul des bornes indiquées par (3.37)–(3.39) peut se faire hors-ligne quand une matrice X a été sélectionnée.

Remarque 3.3. Afin de calculer les paramètres p_i et donc la commande reconfigurée (3.43), nous considérons la normalisation $[\Delta A]_{ij} \leq |1|$ et à partir de cela $\Delta A_i \leq |1|$. Les éléments concernés dans le calcul du gain (3.30) affectent la dernière ligne de la matrice $\bar{A} = A + BK$, c'est-à-dire :

$$A + \Delta A = A + \sum_{i=1}^{n} p_i \Delta A_i = \left[\begin{array}{c|c} \mathbf{0} & \mathbf{I}_{n-1} \\ \hline -a^T \end{array} \right] + \sum_{i=1}^{n} p_i \left[\begin{array}{c} \mathbf{0} \\ \delta a^T \end{array} \right], \tag{3.45}$$

où $\delta a^T = \begin{bmatrix} \delta a_1 & \cdots & \delta a_i^T \end{bmatrix}$. Ensuite nous considérons que le dernier terme de (3.45) est formé de n $(i = 1, \ldots, n)$ matrices ΔA_i dont chaque dernière ligne δa_i^T a la forme :

$$\delta a_i^T = \begin{bmatrix} 0 & \cdots & 1 & \cdots & 0 \end{bmatrix} \tag{3.46}$$

où i représente la position du 1 dans le vecteur δa_i. De cette façon les calculs sont mieux adaptés à la forme SIMO utilisée au départ.

L'idée de cette stratégie est illustrée à l'aide de la figure 3.1, où les axes représentent les performances liées au placement des pôles de la boucle fermée originale ou sans défaut. Dans le cas de l'apparition d'un défaut, la performance va vers une zone de performance inacceptable, voire dangereuse (zone (1) dans la figure). En utilisant la loi de commande synthétisée par l'information du second ordre (équation (3.26) et Théorème 3.1), premièrement le système se stabilise afin de l'amener à la zone (2). En utilisant (3.42) on amène le système vers la zone (3) de performance acceptable, compte tenu de la stabilité assurée grâce à la connaissance des bornes p_i et donc de la borne stabilisatrice α, permettant de varier le gain de reconfiguration pour retrouver la performance originale.

Comme illustré, la performance originale est perdue, mais la récupération au travers de la MPIM permet de retrouver une performance dégradée acceptable, mais aussi stable malgré le défaut.

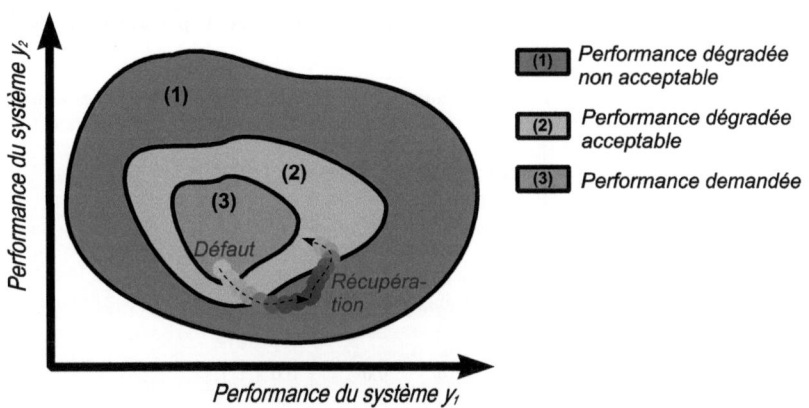

FIG. 3.1 – Interprétation graphique de la MPIM

3.1.4 Exemple

Afin d'illustrer ce que nous venons d'exposer ci-dessus, considérons un système sujet à un défaut de perte d'efficacité d'actionneur. Cet exemple est pris de l'article [Gao et Antsaklis, 1991]. Les matrices du système ont les valeurs suivantes :

$$A_o = \begin{bmatrix} -0.0507 & -3.8610 & 0.0 & -32.17 \\ -0.0012 & -0.5164 & 1.0 & 0.0 \\ -0.0001 & 1.4168 & -0.4932 & 0.0 \\ 0.0 & 0.0 & 1.0 & 0.0 \end{bmatrix}, \tag{3.47a}$$

$$B_o = \begin{bmatrix} 0.0 \\ -0.0171 \\ -1.645 \\ 0.0 \end{bmatrix}, \tag{3.47b}$$

$$C_o = \begin{bmatrix} 0.0 & 0.0 & 1.0 & 0.0 \end{bmatrix}, \tag{3.47c}$$

Les pôles requis pour ce système sont donnés par $(-0.0095 \pm 0.0941i, -1.25 \pm 2.1655i)$. Ces valeurs représentent aux termes de la fréquence et du coefficient d'amortissement les valeurs suivantes : $\omega_{n_1} = 0.1$, $\zeta_1 = 0.1$ et $\omega_{n_2} = 2.5$, $\zeta_2 = 0.5$. Donc la synthèse de la loi de commande nominale est faite par placement de pôles. Le gain obtenu donc par placement de pôles est donné par :

$$K_{nom} = - \begin{bmatrix} 0.0043 & 3.8720 & 0.7186 & 0.0988 \end{bmatrix},$$

Le scénario de défaut c'est une changement de la matrice B_o. La matrice en défaut B_f est exprimée par :

$$B_f = \begin{bmatrix} 0.0 & -0.0171 & -0.1645 & 0.0 \end{bmatrix}^T.$$

En utilisant K_{nom} le système est instable, et si nous essayons au travers de la PIM (3.10), nous trouvons un gain K_{PIM} donné par

$$K_{PIM} = - \begin{bmatrix} 0.0368 & 33.1565 & 7.1535 & 0.8460 \end{bmatrix},$$

mais le système reste instable, donc il n'est pas possible de retrouver la performance initiale.

Afin d'appliquer notre stratégie de reconfiguration et puisque le système est complètement commandable, nous utilisons (3.20) et l'algorithme de l'Annexe B pour déterminer la matrice régulière de transformation T comme suit :

$$
T = \begin{bmatrix} 0.0312 & -1.9533 & 0.0851 & 1.9513 \\ 0.0008 & 1.0087 & -0.0440 & -1.0049 \\ -0.0012 & -0.5861 & 0.0255 & -0.0242 \\ 0.0008 & 0.3437 & -0.6229 & 0.0400 \end{bmatrix}. \tag{3.48}
$$

Maintenant, nous obtenons une représentation commandable de (3.47) à l'aide de (3.20) et (3.48) :

$$
A = \begin{bmatrix} 0.0 & 1.0 & 0.0 & 0.0 \\ 0.0 & 0.0 & 1.0 & 0.0 \\ 0.0 & 0.0 & 0.0 & 1.0 \\ 0.0564 & 0.0648 & 1.1156 & -1.0603 \end{bmatrix}, \tag{3.49a}
$$

$$
B = \begin{bmatrix} 0.0 \\ 0.0 \\ 0.0 \\ 1.0 \end{bmatrix}, \tag{3.49b}
$$

$$
C = \begin{bmatrix} 0.0 & -0.0406 & -1.0345 & -1.6450 \end{bmatrix}, \tag{3.49c}
$$

avec le gain nominal pour le retour d'état donné par :

$$
K'_{nom} = K_{nom}T^{-1} = -\begin{bmatrix} 0.1174 & 0.2058 & 7.4251 & 1.4597 \end{bmatrix}. \tag{3.50}
$$

Ensuite, pour le système en défaut nous calculons la loi de commande synthétisée en fonction de l'information du second ordre. Le système est d'ordre $n = 4$. Nous choisissons une valeur $\eta = 2.5$ dans (3.33) puisque les pôles du système original donnent un total de -2.52. Ceci est une première approche du système original. À partir de cette valeur, nous avons trois variables libres dans la matrice X. Nous déduisons x_{22} à partir des valeurs choisies arbitrairement pour $x_{11} = 7$, $x_{33} = x_{44} = 4$, d'où X est équivalent à :

$$
X = \begin{bmatrix} 7.0 & 0.0 & -4.21 & 0.0 \\ 0.0 & 4.21 & 0.0 & -4.0 \\ -4.21 & 0.0 & 4.0 & 0.0 \\ 0.0 & -4.0 & 0.0 & 4.0 \end{bmatrix}. \tag{3.51}
$$

Si bien le choix de ces valeurs est arbitraire, il faut prendre en compte la positivité de X et d'une possible valeur de reconfigurabilité obtenue à partir de cette matrice X. Pour l'instant, pour cet exemple, nous essayons plusieurs fois pour trouver des pôles proches de l'original. Donc, la valeur de η sert à définir une région où les pôles seront placés, puisqu'elle donne la moyenne de l'emplacement final. En utilisant (3.31) et (3.30) nous trouvons le gain suivant :

$$
K = -\begin{bmatrix} 0.1383 & 2.4398 & 2.2019 & 1.4397 \end{bmatrix}.
$$

Pour calculer les bornes nous considérons 4 paramètres incertains p_i, $(i = 1, \ldots, 4)$ et la Remarque 3.3. Nous utilisons (3.45), (3.46) pour definir les vecteurs δa_i comme suit :

$$\delta a_1^T = \begin{bmatrix} 1 & 0 & 0 & 0 \end{bmatrix},$$
$$\delta a_2^T = \begin{bmatrix} 0 & 1 & 0 & 0 \end{bmatrix},$$
$$\delta a_3^T = \begin{bmatrix} 0 & 0 & 1 & 0 \end{bmatrix},$$
$$\delta a_4^T = \begin{bmatrix} 0 & 0 & 0 & 1 \end{bmatrix}.$$

et nous formons :

$$\sum_{i=1}^{n} p_i \Delta A_i = p_1 \begin{bmatrix} 0 \\ \delta a_1^T \end{bmatrix} + p_2 \begin{bmatrix} 0 \\ \delta a_2^T \end{bmatrix} + p_3 \begin{bmatrix} 0 \\ \delta a_3^T \end{bmatrix} + p_4 \begin{bmatrix} 0 \\ \delta a_4^T \end{bmatrix},$$

pour utiliser le Théorème 3.37, les équations (3.37)-(3.39) ainsi comme la matrice X synthétisée. Nous obtenons une borne stabilisatrice $\alpha = 0.7674$. En utilisant (3.42) nous arrivons à :

$$\Delta K = \begin{bmatrix} -0.1927 & 1.8597 & -18.7257 & -2.6745 \end{bmatrix}.$$

En utilisant (3.43) et α, nous calculons le gain de la boucle fermée dans le cas défaillant, qui est finalement :

$$K_{\Delta 1} = - \begin{bmatrix} 0.2862 & 1.0126 & 16.5723 & 3.4921 \end{bmatrix}.$$

Nous présentons ensuite les résultats de la simulation lorsque nous avons à l'entrée un échelon unitaire. La figure 3.2 présente la réponse indicielle de la boucle fermée . La réponse sans défaut, appelée nominale, est représentée dans cette figure par une ligne continue. La réponse avec accommodation du défaut, notée MPIM1, est présentée par un ligne en tirets. Les signaux de commande pour ces deux cas sont présentés dans la figure 3.3 (ligne continu et ligne en tirets).

La réponse du système avec accommodation de la loi de commande est acceptable si nous comparons les valeurs de sortie retrouvées pour fréquence et coefficient d'amortissement :

$$MPIM1 : (\omega_{n_1}^f = 0.123,\ \zeta_1^f = 0.2355,\ \omega_{n_2}^f = 3.8963,\ \zeta_2^f = 0.5768)$$

Nous pouvons regarder sur la figure 3.2 que les pulsations de la sortie en utilisant MPIM1 (ligne en tirets) sont adaptées à la réponse nominale (ligne continue).

Une évolution similaire peut s'observer pour les signaux de commande présentés à la figure 3.3 pour ces deux cas.

Nous calculons un autre gain de commande compte tenu de la méthodologie proposée. Pour le calcul de la nouvelle matrice X nous changeons la valeur de η dans (3.33). Nous déplaçons les pôles à gauche du plan complexe, plus loin de l'origine afin de rendre la réponse plus vite, laquelle sous l'effet du défaut devient lente (à cause de la perte d'efficacité de l'actionneur). Donc si nous choisissons une valeur $\eta = 8.5$ avec les mêmes valeurs pour x_{11}, x_{33} et x_{44} nous avons $x_{22} = 4.0597$ et ainsi $\alpha = 1.0148$ en utilisant (3.45), (3.46) et (3.37)-(3.39). Le gain de cette commande est de :

$$K_{\Delta 2} = - \begin{bmatrix} 0.3200 & 0.4639 & 21.2027 & 4.0619 \end{bmatrix}.$$

Les pôles en fonction de la fréquence et du coefficient d'amortissement pour cette nouvelle commande, que nous appelons MPIM2, sont de valeur

$$MPIM2 : (\omega_{n_1}^f = 0.1498,\ \zeta_1^f = 0.1446,\ \omega_{n_2}^f = 3.6061,\ \zeta_2^f = 0.5034)$$

La réponse indicielle avec cette commande est aussi présentée sur la figure 3.2 (ligne en tirets-pointillés). Notons que la réponse est meilleure par rapport à celle de la commande MPIM1 (ligne en tirets) par rapport aux pulsations, qui s'approchent plus de celles du système original (ligne continue).

Par rapport aux signaux de commande, montrés à la figure 3.3, les commandes MPIM1 et MPIM2 (lignes en tirets et en tirets-pointillés) sont plus proches de l'original (ligne continue) que le signal (ligne en pointillées) obtenu par [Gao et Antsaklis, 1991].

Constatons donc que visuellement, les deux réponses obtenues en utilisant MPIM1 et MPIM2 sont mieux adaptées à celle de l'originale que la réponse obtenue par la MPIM de [Gao et Antsaklis, 1991], laquelle se retrouve dans la même figure 3.2 (ligne pointillée).

Si nous considérons un critère de comparaison non visuelle, comme l'erreur par rapport à la sortie de régime permanent, nous formons le tableau 3.1 contenant les valeurs de l'IAE (*Integral of the Absolute Error*, en anglais) et l'ITAE (*Integral of the Time Absolute Error*, en anglais), critères évalués pour un temps de 400 s. De cette forme nous évaluons l'erreur compte tenu du dépassement (ISE) et compte tenu des oscillations et de la vitesse du système (ITAE).

À partir du tableau nous constatons que les valeurs des critères pour MPIM1 et MPIM2 sont plus proches des valeurs nominales, alors que la réponse MPIM de [Gao et Antsaklis, 1991] a les valeurs les plus éloignées. En effet, la réponse obtenue par Gao est meilleure en fonction

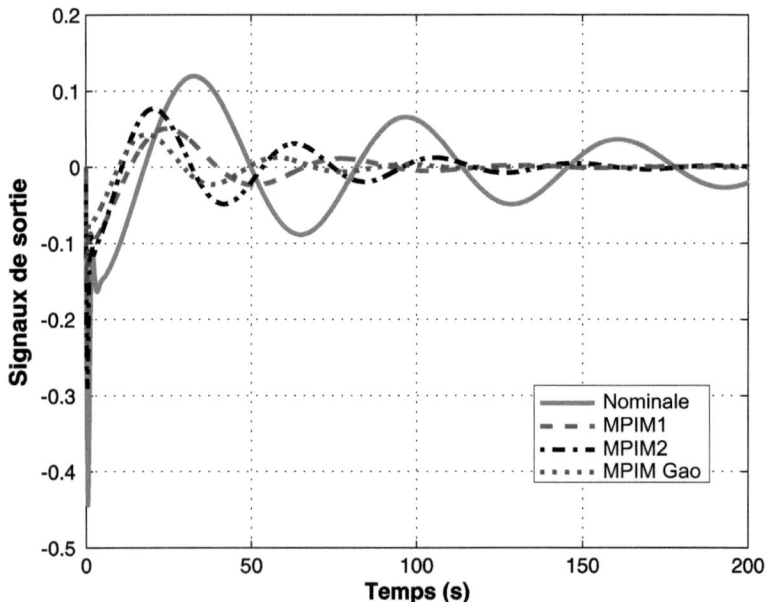

FIG. 3.2 – Réponse indicielle pour le système montré en exemple.

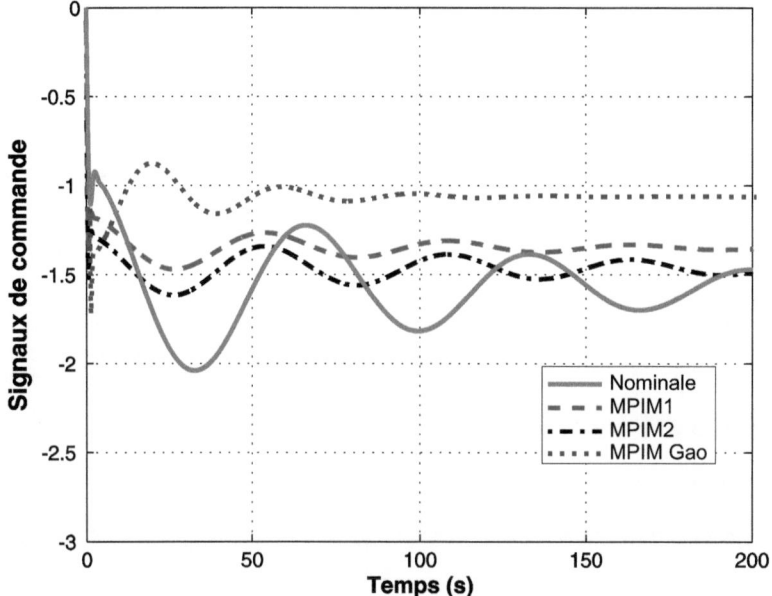

FIG. 3.3 – Réponse indicielle pour le système montré en exemple.

TAB. 3.1 – Comparaison des indices pour les réponses indicielles

Commande	IAE	ITAE
Nominale	11.052	8.8412
MPIM [Gao et Antsaklis, 1991]	1.1178	0.1771
MPIM1	2.3743	1.8994
MPIM2	3.7744	3.0195

de la rapidité et des pulsations de la réponse, mais d'une forme générale, alors que les réponses obtenues par MPIM1 et MPIM2 sont mieux adaptées dans le cas traité.

Pour finir notre analyse, nous montrons l'écart existant entre la réponse indicielle nominale et les commandes avec accommodation du défaut, celles-ci obtenues avec notre méthode (MPIM1 et MPIM2) et la méthode original de Gao (MPIMGao). La figure 3.4 montre ces écarts. Nous notons que l'écart entre la réponse obtenue par la méthode de Gao et la nominale est supérieur aux écarts obtenues avec les deux commandes obtenues avec notre méthode proposée. Il se confirme donc que ces réponses s'approchent de la réponse originale, ce que nous cherchons avec l'accommodation du défaut.

La stratégie que nous venons de présenter est intéressante concernant certain degré de robustesse par rapport au module de détection de défauts, étant donné que la matrice des incertitudes paramétriques considère les matrices B et K comme des éléments incertains.

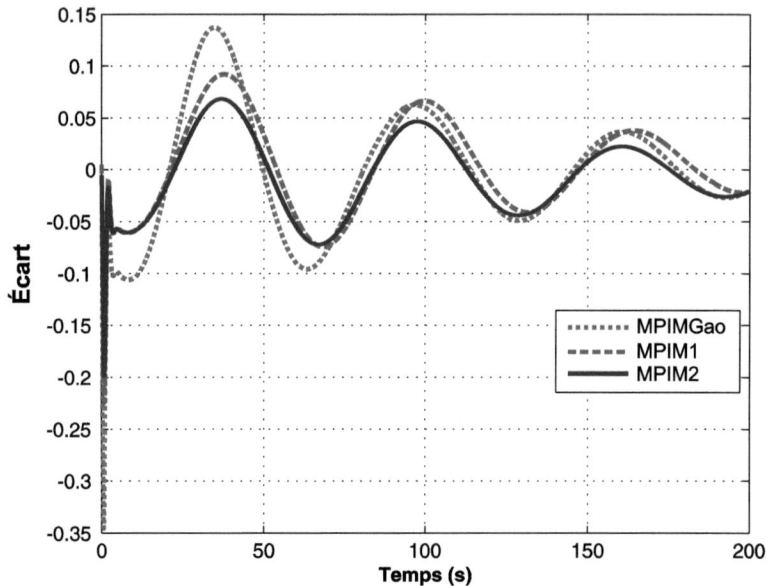

FIG. 3.4 – Écart entre réponses indicielles par rapport à la réponse nominale.

Cette méthode d'accommodation permet en même temps de synthétiser la matrice de l'information du second ordre sous une forme précise permettant la liberté dans le choix de ses éléments composants. Cependant il s'agit d'un cas particulier de synthèse de la loi de commande que ne peut pas être étendu au cas multivariable. En fait, l'approche n'est applicable que pour systèmes continus. Les conditions dans le cas général (ou MIMO) sont différentes mais applicables aux systèmes discrets. Nous allons l'aborder dans la deuxième partie de ce chapitre.

3.2 Commande tolérante active pour des systèmes MIMO

Dans cette section nous abordons la synthèse de l'information du second ordre par retour d'état pour le cas multivariable dans le cas nominal (sans défauts) et en présence de défauts. La synthèse de la loi de commande en fait change par rapport au cas SIMO présenté auparavant. La forme de la matrice positive définie est différente et également des variables libres doivent être choisies au moment de synthétiser la matrice du gain de retour d'état. Comme indiqué au Chapitre 1, une matrice anti-symétrique arbitraire peut être utilisée pour définir quelques propriétés du système en boucle fermée concernant l'emplacement des pôles.

L'objectif de cette section est de proposer une méthode pour l'accommodation de la commande face aux défauts de type perte d'efficacité d'actionneurs. Nous avons abordé cette problématique et solution dans [González-Contreras *et al.*, 2006] et [González-Contreras *et al.*, 2007c].

3.2.1 Synthèse d'une commande nominale

Considérons un système multivariable représenté sous la forme :

$$\begin{cases} \dot{x}(t) & = Ax(t) + Bu(t) + D_p w(t) \\ y(t) & = Cx(t), \end{cases} \tag{3.52}$$

où $w(t) \in \mathbb{R}^q$ est l'entrée externe avec de forme telle que la paire (A, D_p) soit commandable et la paire (A, B) stable.

La commande par retour d'état s'écrit sous la forme :

$$u(t) = Kx(t), \tag{3.53}$$

soit en boucle fermée :

$$\begin{cases} \dot{x}(t) & = (A + BK)x(t) + D_p w(t) \\ y(t) & = Cx(t). \end{cases} \tag{3.54}$$

Afin de garantir la stabilité du système en boucle fermée, ce dernier doit satisfaire l'équation de Lyapunov :

$$(A + BK)W_c + W_c(A + BK)^T + DD^T = 0. \tag{3.55}$$

Au travers de cette équation nous assignons en même temps une matrice définie positive W_c qui représente le grammien de commandabilité. La matrice $DD^T = D_p \Theta D_p^T + X_0$, contient la matrice Θ définie positive composée des excitations externes $W = diag(w_1^2, \ldots, w_q^2)$, et la matrice $X_0 = diag(x_1(0)^2, \ldots, x_n(0)^2)$, où $x_1(0), \ldots, x_n(0)$ sont les conditions initiales des états. Le théorème suivant détermine les conditions pour assigner la valeur de W_c par retour d'état.

Théorème 3.4. *[Skelton et al., 1998], [Yasuda et al., 1993] Pour le système en boucle fermée* (3.54), *une matrice symétrique réelle* $W_c > 0$ *est un grammien de commandabilité assignable par retour d'état si et seulement si :*

$$(I - BB^+)(AW_c + W_cA^T + DD^T)(I - BB^+) = 0 \tag{3.56a}$$

$$W_c > 0. \tag{3.56b}$$

où $^+$ *représente la matrice pseudo-inverse généralisée. Lorsque* W_c *est assignable, les matrices* K *qui permettent que* (3.55) *soit satisfaite pour cette matrice* W_c, *sont :*

$$\begin{aligned} K = & -\tfrac{1}{2}B^+(AW_c + W_cA^T + D_pWD_p^T + X_0)(2I - BB^+)W_c^{-1} \\ & + B^+SBB^+W_c^{-1} + (I - B^+B)Z, \end{aligned} \tag{3.57}$$

où $Z \in \mathbb{R}^{r \times n}$ *est une matrice arbitraire, et* $S \in \mathbb{R}^{n \times n}$ *est une matrice anti-symétrique* $(S = -S^T)$. $\square$

Dans ce qui suit, nous voulons montrer quelques résultats intéressants par rapport à la matrice S. Ceci concerne la synthèse de la loi de commande nominale et va servir pour la synthèse de la loi de commande dans le cas défaillant. Tout d'abord, nous montrons que la matrice S n'a pas d'influence sur la somme des pôles de la boucle fermée quand nous utilisons (3.57) dans (3.53) pour trouver (3.54).

La solution de l'équation de Lyapunov (3.55) implique :

$$-DD^T = (A + BK)W_c + W_c(A + BK)^T, \tag{3.58}$$

cela signifie que chaque terme à droite de (3.58) est une contribution pour satisfaire cette égalité. De plus, étant donné que toute matrice réelle carrée peut s'écrire comme la somme d'une matrice symétrique et d'une matrice anti-symétrique ($S = -S^T$), l'équation (3.58) peut s'écrire sous la forme :

$$\begin{aligned}
(A + BK)W_c &= -\tfrac{1}{2}(DD^T + S), \\
(A + BK) &= -\tfrac{1}{2}(DD^T + S)W_c^{-1}.
\end{aligned} \tag{3.59}$$

Nous considérons maintenant le fait que la somme des pôles de la boucle fermée est égale à la trace de la matrice de la boucle fermée, c'est-à-dire

$$\sum_{i=1}^{n} \lambda_i(A + BK) = Tr(A + BK), \tag{3.60}$$

où $Tr(\cdot)$ représente la trace d'une matrice et λ_i ($i = 1, \ldots, n$) sont les pôles de la matrice en boucle fermée du système (3.54). Puisque S est anti-symétrique :

$$Tr(SW_c^{-1}) = 0, \tag{3.61}$$

et nous arrivons donc à

$$Tr(A + BK) = -Tr\left(\tfrac{1}{2}(DD^T)W_c^{-1}\right). \tag{3.62}$$

Ainsi les pôles de la boucle fermée du système (3.55) ne dépendent que des matrices D_p, X_0 et W_c puisque $DD^T = D_p \Theta D_p^T + X_0$.

Dans le cadre de cette thèse, nous supposons $D_p = 0$ et X_0 constante, en conséquence la matrice W_c peut être considérée pour placer les pôles dans une région définie. Notons que dans cette somme, seule la partie réelle des pôles est considérée. À partir d'ici, nous pouvons établir la région du plan complexe où les pôles de la boucle fermée seront placés. Prenons (3.60) et (3.62) afin d'obtenir la somme des pôles de la boucle fermée comme suit :

$$\begin{aligned}
\sum_{i=1}^{n} \lambda_i(A + BK) &= -Tr\left(\tfrac{1}{2}(DD^T)W_c^{-1}\right) \\
&= -\sum_{i=1}^{n} \lambda_i\left(\tfrac{1}{2}(DD^T)W_c^{-1}\right).
\end{aligned} \tag{3.63}$$

Les pôles de la boucle fermée $(A + BK)$ sont bornés par les pôles de $\tfrac{1}{2}(DD^T)W_c^{-1}$.

En effet, si ν_i et λ_i sont un vecteur et une valeur propre de la boucle fermée $A_{cl} = A + BK$ ($\forall i = 1, \ldots, n$) alors

$$A_{cl}\nu_i = \lambda_i\nu_i \quad \text{et} \quad \nu_i^T A_{cl} = \lambda_i\nu_i^T. \tag{3.64}$$

On prémultiplie par ν_i^T et l'on postmultiplie par ν_i l'équation (3.55) pour ainsi obtenir :

$$\begin{aligned}
(\lambda_i + \lambda_i)\nu_i^T W_c \nu_i + \nu_i^T DD^T \nu_i &= 0 \\
\Rightarrow 2Re[\lambda_i]\nu_i^T W_c \nu_i &= -\nu_i^T DD^T \nu_i,
\end{aligned} \tag{3.65}$$

où $Re[\cdot]$ représente la partie réelle de la valeur propre $[\cdot]$. À partir de cette équation et en utilisant l'inégalité des valeurs propres [Bernstein, 2005] nous obtenons :

$$Re[\lambda_i] = -\frac{1}{2}\frac{\nu_i^T DD^T \nu_i}{\nu_i^T W_c \nu_i} \geq -\frac{1}{2}\max_i\left\{\lambda_i\left((DD^T)W_c^{-1}\right)\right\}. \tag{3.66}$$

Ainsi la région du plan complexe pour le placement des pôles de la boucle fermée est définie par les points extrêmes de $\frac{1}{2}(DD^T)W_c^{-1}$ selon [Chen et al., 1995] :

$$\left[\min_i v_i, \ \max_i v_i\right] \tag{3.67}$$

où

$$v_i = \lambda_i\left[-\frac{1}{2}(DD^T)W_c^{-1}\right]. \tag{3.68}$$

Cette propriété indique que l'emplacement de la partie réelle des pôles de la boucle fermée (3.55) peut être choisi par la sélection d'un grammien de commandabilité W_c. Nous utilisons cette propriété pour la synthèse nominale de la commande en fonction de l'information du second ordre. Ces mêmes propriétés sont considérées pour la synthèse de la commande dans le cas défaillant, comme présenté dans le paragraphe suivant.

3.2.2 Synthèse d'une commande tolérante aux défauts actionneurs

Dans ce paragraphe nous développons une méthode d'accommodation aux défauts synthétisée selon le principe de l'information du second ordre.

La méthode développée consiste à synthétiser une nouvelle loi de commande pour accommoder le défaut en re-calculant un nouveau gain K_f, qui est le gain du système dans le cas défaillant. S'il est donné un gain de commande initial K qui assigne $W_c^{nominal}$, en présence de défauts il est nécessaire de trouver un nouveau gain qui assigne le grammien de commandabilité W_c^{acc} proche de l'original, c'est-à-dire

$$W_c^{acc} = W_c^{nominal},$$

où W_c^{acc} est le grammien de commandabilité obtenu après l'apparition de défauts et $W_c^{nominal}$ est le grammien de commandabilité nominal. L'objectif est de maintenir ce grammien.

Le système défaillant est représenté sous la forme multiplicative présentée au Chapitre 1 (§1.3.3, p. 30) :

$$\dot{x}(t) = Ax(t) + B_f u(t), \tag{3.69}$$

qui nous conduit de nouveau à considérer le principe de la PIM [Gao et Antsaklis, 1991]. Cela veut dire que nous devons montrer l'influence de chaque composante dans les équations qui donnent les conditions permettant la synthèse de l'information du second ordre.

Étant donné que B_f varie entre]0-100[% de la valeur de B et les matrices U et V de la décomposition SVD de B sont orthonormales et unitaires, nous pouvons décomposer B_f sous la forme :

$$B_f = \begin{bmatrix} U_1 & U_2 \end{bmatrix} \begin{bmatrix} \Sigma_f & 0 \\ 0 & 0 \end{bmatrix} \begin{bmatrix} V_1^T \\ V_2^T \end{bmatrix}. \tag{3.70}$$

Ainsi la matrice $U = \begin{bmatrix} U_1 & U_2 \end{bmatrix}$ ne change pas et (3.56b) reste valable pour toute B_f. En conséquence (3.56a) n'est pas affectée par l'apparition des défauts étant donné que (3.56a) est vérifiée. Par rapport à Q pour W_c assignable, l'équation (3.55) est définie dans le cas défaillant comme suit :

$$(B_f K_f W_c^{acc}) + (B_f K_f W_c^{acc})^T + A W_c^{acc} + W_c^{acc} A^T + D_p W D_p^T + X_0 = 0, \qquad (3.71)$$

laquelle peut être exprimée selon (3.56a) de la façon suivante :

$$(B_f K_f W_c^{acc}) + (B_f K_f W_c^{acc})^T + Q = 0, \qquad (3.72)$$

et de la dérivation de la commande qui synthétise l'information du second ordre décrite dans [Hotz et Skelton, 1987] et [Skelton *et al.*, 1998], la solution de cette équation de Lyapunov requiert :

$$B_f K_f W_c^{acc} = -\tfrac{1}{2}(Q + S), \qquad (3.73)$$

laquelle requiert aussi, selon l'algèbre linéaire, d'une solution à $K_f W_c^{acc}$ (cf. [Skelton *et al.*, 1998] par exemple), telle que

$$(I - B_f B_f^+)(Q + S) = 0. \qquad (3.74)$$

Dans le cadre de notre étude, nous considérons, le grammien de commandabilité qui peut être synthétisé dans les deux cas. Effectivement la condition permettant la synthèse de l'information du second ordre compte tenu de la matrice Q n'est pas affectée par $D_p W D_p^T$.

Sous ces conditions, le gain de la commande en présence de défauts est calculé en-ligne :

$$K_f = -\tfrac{1}{2} B_f^+ (A W_c^{acc} + W_c^{acc} A^T + X_0)(2I - B_f B_f^+)(W_c^{acc})^{-1} + B_f^+ S B_f B_f^+ (W_c^{acc})^{-1}. \quad (3.75)$$

La stabilité de la boucle fermée peut se vérifier en considérant ce nouveau gain dans l'équation de Lyapunov suivante :

$$(A + B_f K_f) W_c^{acc} + W_c^{acc}(A + B_f K_f)^T + D D^T = 0. \qquad (3.76)$$

avec solution W_c^{acc} étant définie positive, indicatrice d'un système stable.

Nous pouvons savoir si l'assignation du grammien de commandabilité (3.56a) est encore valide pour maintenir ce même grammien avec l'objectif initial dans le cas défaillant.

Remarque 3.4. Ce dernier résultat concernant la validité de la condition (3.56a) pour la synthèse de l'information du second ordre des systèmes continus en présence de défauts est étendu aux systèmes discrets étant donné que la condition (3.56a) est équivalente à la condition (1.64) du théorème 1.11 (§1.2.2.3, p. 20). En conséquence :

$$G_f^d = B_f^+ \left(L F_1 \begin{bmatrix} I_\alpha & 0 \\ 0 & U_F \end{bmatrix} F_2^T T^{-1} - A \right), \qquad (3.77)$$

représente le gain d'accommodation du défaut pour le cas discret.

3.2.3 Exemple

Afin de montrer l'application de la stratégie FTC nous présentons un exemple MIMO avec une perte d'efficacité de 90% sur l'un des actionneurs. Le défaut apparaît à 5 secondes durant l'évolution dynamique du système. Le module FDI est supposé être parfait en l'estimation de l'amplitude du défaut. Ensuite à l'instant de l'apparition du défaut, l'accommodation est appliquée avec un retard de 1 s.

Nous considérons un système dans l'espace d'état suivant :

$$A = \begin{bmatrix} -2 & 1 \\ 1 & -3 \end{bmatrix}, \; B = \begin{bmatrix} 1 & 0 \\ 0 & 1 \end{bmatrix}, \; C = I, \tag{3.78}$$

et avec conditions initiales $x_0 = [1 \; 1]^T$. Nous voulons synthétiser par retour d'état un grammien de commandabilité donné sous la forme générale :

$$W_c = \begin{bmatrix} w_{c11} & w_{c12} \\ w_{c12} & w_{c22} \end{bmatrix}. \tag{3.79}$$

Tout d'abord, il faut vérifier que la synthèse de la loi de commande est possible dans le cadre de l'information du second ordre. Compte tenu que la matrice B est de rang complet nous considérons le Théorème 1.6 (§1.2.2.2, p. 18), pour ainsi vérifier que la condition (3.56a) permettant la synthèse correcte de l'information du second ordre est toujours à zéro ($I - BB^+ = 0$). Donc une matrice définie positive quelconque peut être synthétisée.

Le système en boucle ouverte a les pôles (-3.6180, -1.3820) en conséquence nous allons les déplacer à droite, plus proches de l'origine afin d'obtenir une réponse plus lente et amortie (ceci représente également des pôles symétriques). Dans ce cas, le choix de la matrice W_c est motivé afin de placer les pôles dans une région à gauche de -0.1667 de l'axe réel. Pour ce faire nous utilisons les équations (3.67) et (3.68) comme suit :

$$det \left[\lambda I - \tfrac{1}{2}(DD^T)W_c^{-1} \right], \tag{3.80}$$

où det représente le déterminant de la matrice. En profitant de la liberté de choix de W_c nous considérons une matrice diagonale $W_c = diag(w_{c11}, w_{c22})$ et donc

$$W_c^{-1} = \frac{1}{w_{c11}w_{c22}} \begin{bmatrix} w_{c22} & 0 \\ 0 & w_{c11} \end{bmatrix}$$

qui est remplacée dans (3.80) également avec $X_0 = x_0 \, x_0^T$ pour obtenir :

$$det \left[\lambda I - \frac{1}{2w_{c11}w_{c22}} \begin{bmatrix} w_{c22} & 0 \\ 0 & w_{c11} \end{bmatrix} \right] = 0$$
$$\tfrac{1}{2} \left(\lambda^2 - \left(\tfrac{1}{w_{c22}} + \tfrac{1}{w_{c22}} \right) \lambda + \tfrac{1}{w_{c11}w_{c22}} \right) = 0. \tag{3.81}$$

La valeur $w_{c11} = 2$ et l'amplitude du pôle 0.1667 sont utilisées afin de trouver la valeur $w_{c22} = 3$. Enfin la matrice à synthétiser est donnée par :

$$W_c = \begin{bmatrix} 3 & 0 \\ 0 & 2 \end{bmatrix}. \tag{3.82}$$

Maintenant il peut être vérifié à l'aide de l'équation (3.68) que la partie réelle des pôles de la boucle fermée sera située dans l'intervalle [−0.2500, −0.1667].

Une fois la matrice imposée obtenue, nous calculons le gain de la commande. Il nous faut encore définir la matrice S. Nous rappelons que pour un système à deux entrées la matrice anti-symétrique S peut être définie sous la forme :

$$S = \alpha \begin{bmatrix} 0 & 1 \\ -1 & 0 \end{bmatrix}, \tag{3.83}$$

où α est une constante. Cette valeur est arbitraire et n'affecte pas le placement des pôles dans la région des valeurs réelles choisies, cependant elle affecte le placement des pôles par rapport à la partie imaginaire, comme l'on verra après. Dans une première approche nous choisissons une valeur $\alpha = 1.5$.

Le gain du retour d'état synthétisant (3.82) d'après l'équation (3.57) est :

$$K = \begin{bmatrix} 1.833 & -1.0 \\ -1.0 & 2.750 \end{bmatrix}, \tag{3.84}$$

gain assurant des pôles dans l'intervalle [−0.2500, −0.1667]. Les pôles sont placés en fait dans $(-0.2083 \pm j0.815)$.

Ensuite, nous allons considérer plusieurs scénarios de défaut. Tout d'abord nous considérons un défaut (90% de perte d'efficacité) sur le premier actionneur, avec temps d'apparition et donc de détection $t_d = 5\,s$, et le temps de reconfiguration étant donné comme $t_a = 6\,s$. Pour telle perte d'efficacité nous avons re-calculé le gain de la commande à l'aide de (3.75) avec une valeur :

$$K_f = \begin{bmatrix} 18.33 & -13.75 \\ -0.75 & 2.75 \end{bmatrix}. \tag{3.85}$$

Cette valeur assure la stabilité du système et en même temps le grammien de commandabilité imposé (3.82). On a utilisé la même valeur pour la constante $\alpha = 1.5$. Comme dans le cas nominal, la partie réelle des pôles est située dans [−0.2500, −0.1667] qui peut être vérifié à l'aide des équations (3.67) et (3.68).

Afin de comparer et noter les effets de la reconfiguration, les figures 3.5 et 3.6 présentent les signaux de sortie du système bouclé pour trois cas : sans défaut et en utilisant la loi de commande nominale (ligne continue) avec le gain (3.84), avec défaut et en utilisant la loi de commande nominale (ligne en tirets) avec le gain (3.84), et avec défaut et en utilisant la loi de commande reconfigurée (ligne en tirets-pointillés) avec le gain (3.85).

Comme on peut le constater, lorsque le défaut apparaît et sans accommodation de défauts, la performance dynamique nominale ne reste plus égale comme présentée aux figures 3.5 et 3.6. La sortie devient instable (cf. ligne en tirets).

Néanmoins, le système tolérant aux défauts préserve la dynamique et le régime permanent des sorties du système en présence du défaut, comme indiqué dans les figures (ligne en tirets-pointillés). Les sorties, après la détection et puis la reconfiguration (t_d et t_a dans les figures), rejoignent les valeurs nominales. Par conséquent, le signal de commande compense la perte d'efficacité de l'actionneur. Ceci peut se constater en regardant les signaux de commande u_1, u_2 présentés à la figure 3.7.

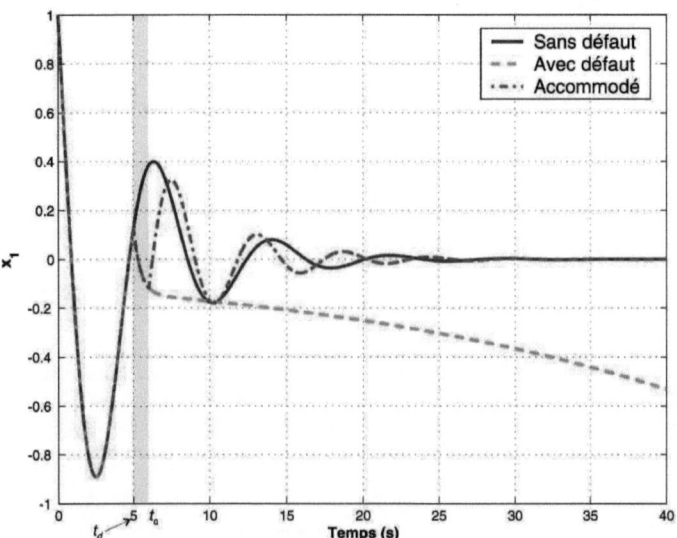

FIG. 3.5 – Evolution dynamique du signal x_1.

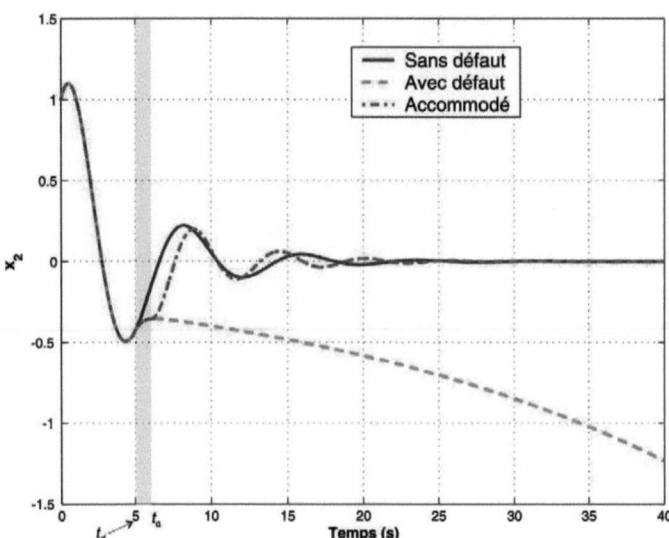

FIG. 3.6 – Evolution dynamique du signal x_2.

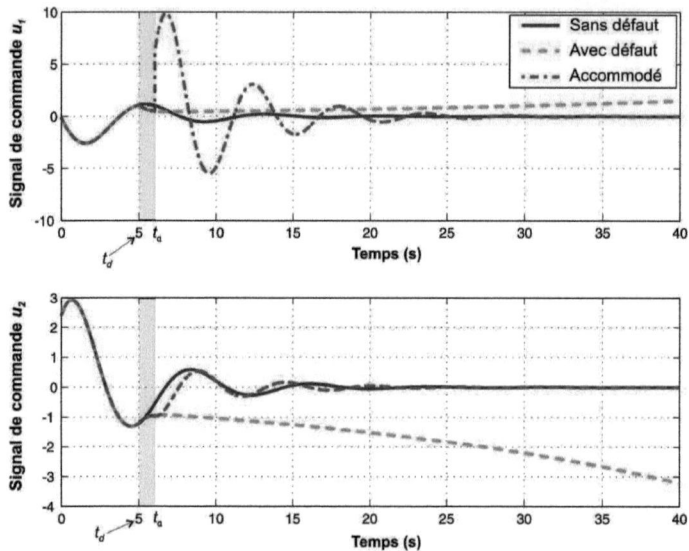

FIG. 3.7 – Evolution dynamique des signaux de commande.

Dans cet exemple nous proposons d'utiliser un critère similaire à celui utilisé dans [Staroswiecki, 2002] et [Wu *et al.*, 2000b] afin d'évaluer en termes énergétiques la performance du système. Donc l'indicateur de performance J se décrit sous la forme :

$$J = \int_0^\infty u^T(t)u(t) \, dt. \tag{3.86}$$

Compte tenu de l'équation (1.25), rappelée ensuite :

$$W_c = \int_0^\infty x(t) \cdot x^T(t)dt, \tag{3.87}$$

va-t-elle nous permettre d'en déduire, à partir des équations (3.86) et (3.53), le critère suivant :

$$\begin{aligned} J &= Tr\left(\int_0^\infty u(t)u^T(t)\, dt\right) \\ &= Tr\left(K\int_0^\infty x(t)x^T(t)dt\, K^T\right); \end{aligned} \tag{3.88}$$

D'ici l'équation (3.88) équivaut à :

$$J = Tr\left(KW_cK^T\right). \tag{3.89}$$

On va se servir de cet indicateur pour évaluer la consommation de l'énergie. L'évaluation de la performance (3.89) dans les cas sans défaut, avec défaut et avec accommodation est résumée dans le tableau 3.2 pour différentes valeurs de α.

TAB. 3.2 – Evaluation de performance et placement de pôles (90% perte d'efficacité)

	Sans défaut		Avec défaut		Accommodé	
α	J	pôles	J	pôles	J	pôles
0.5	31.04	-0.2083± j0.406	33.80	-1.9804, -0.0863	1403.3	-0.2083± j0.303
1.0	32.08	-0.2083± j0.611	151.63	-2.046, -0.020	1636.7	-0.2083± j0.611
1.5	33.54	-0.2083± j0.815	∞	-2.104, 0.0376	2151.6	-0.2083± j1.122
2.0	35.42	-0.2083± j1.020	∞	-2.156, 0.0889	3136.7	-0.2083± j1.837

On peut noter que si $\alpha = 0.5$, alors l'indicateur de performance J est plus petit que dans le cas sans défaut et si $\alpha = 1$, l'index J est plus grand que dans le cas sans défaut. Cependant, comme indiqué au tableau 3.2, l'accommodation de défaut actionneur est capable de préserver la performance nominale vis-à-vis des pôles. À noter également que l'indicateur J tend vers l'infini pour $\alpha = 1.5$ dans le cas défaillant car le système devient instable. Notons que l'énergie augmente pour palier la perte d'efficacité. La commande est plus oscillante pour compenser le défaut (cf. signaux de la figure 3.7).

Les valeurs présentées au tableau 3.2 nous permettent de constater qu'à mesure que α augmente la partie imaginaire des pôles de la boucle fermée s'éloigne de l'origine, il s'en suit que des valeurs de α ne sont pas acceptables dans le cadre de l'obtention des réponses amorties et sans oscillations.

Notons également que ceci affecte la valeur de J, évolution présentée dans la figure 3.8 (a) pour le cas nominal, mais également dans le cas défaillant avec accommodation du défaut, présentée à la figure 3.8 (b).

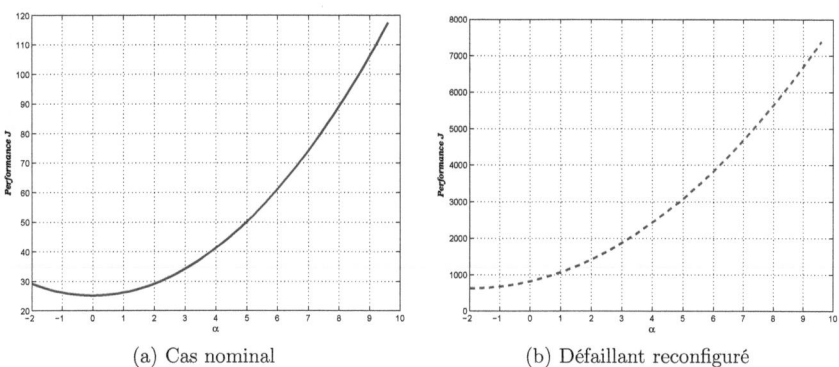

(a) Cas nominal   (b) Défaillant reconfiguré

FIG. 3.8 – Variation de la performance J par rapport à la constante α.

Dans ce dernier cas, l'indice augmente parce que l'actionneur demande plus d'énergie afin de faire face à la perte d'efficacité une fois effectuée l'accommodation du défaut. En effet, la combinaison du défaut (dans ce cas la perte d'efficacité γ de l'actionneur 1) avec de grandes valeurs de α fait augmenter l'amplitude de l'indicateur J, comme montré à la figure 3.9. À mesure que les amplitudes de γ et α augmentent J devient plus grand.

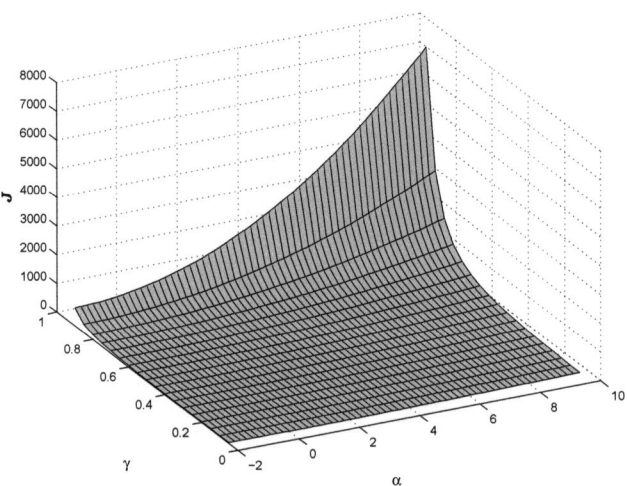

FIG. 3.9 – Variation de J par rapport à γ et α (dans le cas de l'accommodation du défaut).

Afin de comparer, dans les tableaux 3.3 et 3.4 les valeurs du critère J sont indiquées, ceci lorsque des pertes d'efficacité de 70% et 80% de la valeur nominale sont considérées.

On peut noter que pour le cas défaillant les indices augmentent et un des pôles est plus proche de l'origine, alors que pour l'accommodation ces variations affectent l'indicateur J dans chaque cas : la commande est plus largement sollicitée afin d'annuler l'effet du défaut.

TAB. 3.3 – Evaluation de performance et placement de pôles (70% perte d'efficacité)

		70%		
	Avec défaut		Accommodé	
α	J	pôles	J	pôles
1.0	47.89	-1.623, -0.0770	195.97	$-0.2083 \pm j0.611$
1.5	76.17	-1.642, -0.0584	252.53	$-0.2083 \pm j1.122$
2.0	99.85	-1.644, -0.0557	362.63	$-0.2083 \pm j1.837$

TAB. 3.4 – Evaluation de performance et placement de pôles (80% perte d'efficacité)

		80%		
	Avec défaut		Accommodé	
α	J	pôles	J	pôles
1.0	73.47	-1.838, -0.0453	421.01	-0.2083± j0.611
1.5	862.29	-1.879, -0.0044	549.26	-0.2083± j1.122
2.0	∞	-1.909, 0.0262	796.08	-0.2083± j1.837

3.3 Conclusion

Nous avons présenté dans ce chapitre, des méthodes d'accommodation concernant des défauts du type perte d'efficacité actionneurs. Premièrement, une méthode d'accommodation de défaut pour des systèmes continus à une entrée a été présentée. La méthodologie utilisée considère la synthèse de l'information du second ordre d'une forme similaire à celle du placement des pôles pour systèmes monovariables permettant l'obtention de la loi de commande de forme systématique. Pour cela, nous avons supposé une représentation commandable du système permettant ainsi de déterminer la forme de la matrice de l'information du second ordre qu'on peut synthétiser.

Basée sur la méthode de la pseudo inverse modifiée, nous avons proposé une méthode d'accommodation compte tenu des variations paramétriques structurées liées à l'information du second ordre ainsi synthétisée. Les valeurs des paramètres d'incertitudes sont utilisées afin de déterminer les bornes avec lesquelles le système reste stable, permettant ainsi de modifier le gain de la commande stabilisatrice au moment d'effectuer l'approche du système original. La méthode considère également un module de détection idéal, de manière qu'une fois le défaut est détecté, le système de commande nominal commute à une autre commande, celle-ci synthétisée en fonction de l'information du second ordre. De cette manière le système est tout d'abord stabilisé et puis approché du nominal en fonction des pôles placés originalement. La contribution de cette première partie du chapitre est le développement d'une méthode représentant une alternative de la méthode de la pseudo inverse modifiée pour systèmes SIMO. La méthode est systématique dans la synthèse de l'information du second ordre, permettant ainsi d'établir l'accommodation du défaut.

Cependant, l'inconvénient de la méthode, est de faire nombreux essais pour différentes valeurs de l'information du second ordre à synthétiser afin de mieux approcher le système défaillant de l'original. Cela nous l'avons montré à travers l'exemple académique présenté. En sus, la méthode est applicable aux systèmes continus ce que ne permet pas de considérer la méthode d'identification présentée au Chapitre 2 afin de calculer l'information du second ordre synthétisée.

Nous avons considéré ensuite, dans la deuxième partie du chapitre, le cas multivariable de la synthèse de l'information du second ordre afin de proposer une méthode d'accommodation de défauts plus générale. On avait pu penser qu'une extension de la méthode présentée précédemment serait un choix évident pour le cas multivariable, mais les conditions pour l'appliquer sont différentes. En effet, l'hypothèse de départ pour le cas monovariable n'est plus valide pour le cas multivariable, au moins qu'il existe des conditions de découplage du système multivariable en sous systèmes monovariables. En fait, il s'agit de la même contrainte posée dans

[Gao et Antsaklis, 1991].

Au lieu de cela, nous avons montré que les conditions pour synthétiser la loi de commande en fonction de l'information du second ordre en présence de défauts restent inchangées. En conséquence, il est possible d'accommoder le défaut afin de garder la même information du second ordre synthétisée au départ (dans le cas nominal), comme nous l'avons montré dans l'exemple académique présenté. De même, le emplacement des pôles de la boucle fermée est garanti dans le cas défaillant grâce à ces conditions.

De même, nous avons présenté que ces conditions d'assignation sont également valides pour systèmes discrets, de forme que la méthode pour calculer l'information du second ordre (et donc l'indice basé sur la reconfigurabilité) présentée au Chapitre 2 reste en accord avec notre propos. En effet, afin de montrer la combinaison de ces éléments fonctionnant ensemble nous allons considérer une application de type industriel : le trois cuves. Cela fait l'objet du chapitre suivant.

Chapitre 4

Application à un système hydraulique : les trois cuves

L'ensemble des méthodes développées dans les chapitres précédents est appliqué à un système hydraulique constitué de 3 cuves. Ce type de système a fait l'objet d'un grand nombre de travaux dans le domaine du diagnostic de défauts [Zolghadri *et al.*, 1996], [Escobet et Travé-Massuyés, 2001], [Mosterman et Biswas, 1999] ainsi que dans le cadre de la tolérance aux défauts [Theilliol *et al.*, 1998], [Theilliol *et al.*, 2002], [Yang *et al.*, 2006], [Mendonça *et al.*, 2007], [Rodrigues *et al.*, 2008]. Cette plate-forme est une application intéressante puisqu'elle représente un processus de production commun comme ceux de la séparation, le stockage et le mélange de divers composants [Silla, 2003]. À noter que ce processus hydraulique a été utilisé comme plate-forme d'étude dans le cadre de projets européens scientifiques, tels que COSY (*Complex Control Systems*) [ECC, 1999], IFATIS (*Intelligent Fault Tolerant Control in Integrated Systems*) [Capiluppi, 2006], et plus récemment NeCST [Networked Control Systems Tolerant to Faults, 2004].

4.1 Description du procédé

Le système hydraulique est composé de trois cuves cylindriques (C_1, C_2, C_3) avec des sections S identiques et hauteurs h_n (n est le numéro qui fait référence à chaque cuve). Le système est représenté à la figure 4.1. Les cuves sont couplées par deux tuyaux cylindriques de section S_n, avec des coefficients de sortie égaux $\mu_{13} = \mu_{32}$, représentant la relation entre les sections de connection des cuves et les flux de sortie. La sortie d'évacuation de l'ensemble du système se trouve sur la cuve 2 également de section S_n avec un coefficient de sortie μ_{20}.

Les deux pompes ($PO1$ et $PO2$), constituées par des moteurs à courant continu, sont utilisées pour commander les débits q_1 et q_2 affectant les niveaux sur chaque cuve C_1 et C_2, respectivement. Les débits q_1 et q_2 avec ces pompes sont définis par le calcul du flux par rotation (mesuré au travers de $FT - 1$ et $FT - 2$, comme illustré à la figure 4.1). Les débits d'interconnexion q_{13} et q_{32} dépendent des hauteurs d'eau dans les cuves. Le débit q_{20} constitue la seule sortie du système 3 cuves vers l'extérieur.

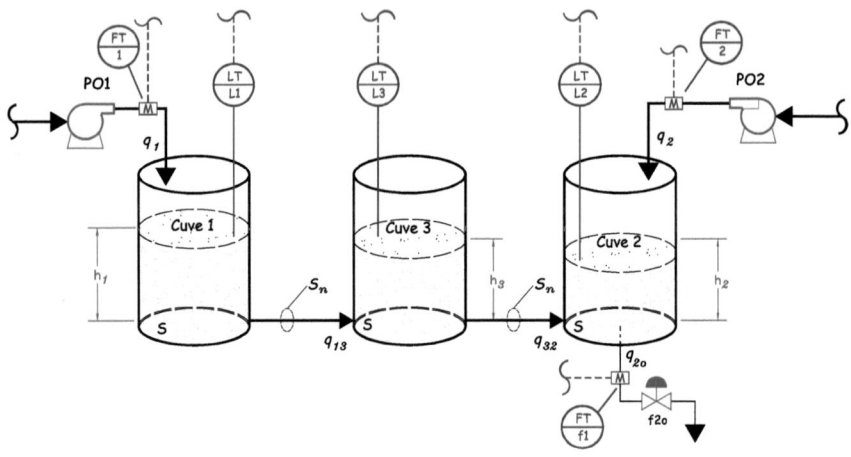

FIG. 4.1 – Diagramme du système de trois cuves

Le vecteur d'entrée est donné par :

$$U = \begin{bmatrix} q_1 & q_2 \end{bmatrix}^T. \tag{4.1}$$

Les 3 cuves sont équipées de capteurs ($L1$, $L2$, $L3$ dans la figure 4.1) pour mesurer le niveau (h_1, h_2, h_3) des liquides. Le vecteur de sortie est :

$$Y = \begin{bmatrix} h_1 & h_2 & h_3 \end{bmatrix}^T. \tag{4.2}$$

Les valeurs des paramètres utilisés sont présentées dans le tableau 4.1.

TAB. 4.1 – Valeurs et paramètres du système de trois cuves

Symbole	Paramètre	Valeur et unité
Q_{10}	Débit d'entrée dans cuve 1	$3.5 \times 10^{-5}\ m^3\,s^{-1}$
Q_{20}	Débit d'entrée dans cuve 2	$2.45 \times 10^{-5}\ m^3\,s^{-1}$
$q_{1,max}$, $q_{2,max}$	Débit maximal délivré par les pompes	$1.8 \times 10^{-3}\ m^3\,s^{-1}$
H_{10}	Hauteur de référence cuve 1	0.4 m
H_{20}	Hauteur de référence cuve 2	0.2 m
$H_{n,max}$	Hauteur maximum des cuves ($n = 1, 2, 3$)	0.70 m
S_n	Section du tuyau des cuves	$3.142 \times 10^{-4}\ m^2$
S	Section des cuves	$1.767 \times 10^{-4}\ m^2$
$\mu = \mu_{13} = \mu_{32}$	Coefficient des tuyaux entre cuves	$1.767 \times 10^{-4}\ m^2$
μ_{20}	Coefficient du tuyau de sortie dans la cuve 2	$0.017\ m^2$
v	Bruit de mesures capteurs ($\mathcal{N}(0, r_b^2)$)	$r_b = 5 \times 10^{-4}\ m$

4.2 Modélisation

L'hypothèse de fonctionnement prise en compte dans le cadre de notre étude considère qu'en l'absence ou en présence de défauts, la propriété $h_1 > h_3 > h_2$ est conservée.

En utilisant les équations d'équilibre des débits, le système peut être représenté de la façon suivante :

$$\begin{cases} S\frac{dh_1(t)}{dt} = q_1(t) - q_{13}(t) \\ S\frac{dh_2(t)}{dt} = q_2(t) + q_{32}(t) - q_{2o}(t) \\ S\frac{dh_3(t)}{dt} = q_{13}(t) - q_{32}(t). \end{cases} \tag{4.3}$$

Les débits entre les réservoirs dépendent de la différence de hauteur dans les réservoirs et de la tuyauterie de connection des réservoirs. Ces débits sont décrits à l'aide de la loi de Torricelli :

$$q_{ab}(t) = \mu_{ab} S_n \, sign(h_a(t) - h_b(t))\sqrt{2g|h_a(t) - h_b(t)|}, \tag{4.4}$$

où q_{ab} représente le débit d'interaction entre la cuve a et b. Sous la condition $h_1 > h_3 > h_2$ l'équation (4.4) s'écrit :

$$q_{ab}(t) = \alpha_{ab}\sqrt{h_a(t) - h_b(t)}, \tag{4.5}$$

avec $\alpha_{ab} = \mu_{ab}S_n\sqrt{2g}$ et $\mu = \mu_{13} = \mu_{32}$. Le débit de sortie du système s'écrit :

$$\begin{aligned} q_{2o}(t) &= \mu_{2o}S_n\sqrt{2gh_2(t)} \\ &= \alpha_{2o}\sqrt{h_2(t)}. \end{aligned} \tag{4.6}$$

Sous les conditions précédentes, dorénavant (4.3) est décrite sous la forme :

$$\begin{cases} \frac{dh_1(t)}{dt} = \frac{-\alpha}{S}\sqrt{h_1(t) - h_3(t)} + \frac{1}{S}q_1(t) = f_1(h_1, h_3, q_1) \\ \frac{dh_2(t)}{dt} = \frac{\alpha}{S}\sqrt{h_3(t) - h_2(t)} - \frac{\alpha_{2o}}{S}\sqrt{h_2(t)} + \frac{1}{S}q_2(t) = f_2(h_2, h_3, q_2) \\ \frac{dh_3(t)}{dt} = \frac{\alpha}{S}\sqrt{h_1(t) - h_3(t)} - \frac{\alpha}{S}\sqrt{h_3(t) - h_2(t)} = f_3(h_1, h_2, h_3). \end{cases} \tag{4.7}$$

Nous pouvons décrire le système sous la forme d'équations d'état une fois linéarisé autour d'un point de fonctionnement, étant donné que notre étude concerne les systèmes linéaires.

4.3 Linéarisation et discrétisation

Nous allons déterminer une représentation linéaire de (4.7) sous la forme :

$$\begin{cases} \dot{\bar{x}}(t) = A_c\bar{x}(t) + B_c\bar{u}(t), \\ \bar{y}(t) = C_c\bar{x}(t), \end{cases} \tag{4.8}$$

avec $\bar{x}(t) \in \mathbb{R}^n$, $\bar{u}(t) \in \mathbb{R}^r$, $\bar{y}(t) \in \mathbb{R}^m$ et les matrices $A_c \in \mathbb{R}^{n \times n}$, $B_c \in \mathbb{R}^{n \times r}$, $C_c \in \mathbb{R}^{m \times n}$ où l'indice c indique l'espace linéaire continu.

Considérons les points de fonctionnement h_{10}, h_{20}, h_{30}, Q_{10}, Q_{20} (cf. tableau 4.1) et les petites variations autour de ces points de fonctionnement notés $\bar{h}_1$, $\bar{h}_2$, $\bar{h}_3$, $\bar{q}_1$, $\bar{q}_2$ soit :

$$
\begin{aligned}
\bar{h}_1 &= h_1 - h_{10}, \\
\bar{h}_2 &= h_2 - h_{20}, \\
\bar{h}_3 &= h_3 - h_{30}, \\
\bar{q}_1 &= q_1 - Q_{10}, \\
\bar{q}_2 &= q_2 - Q_{20}.
\end{aligned}
\tag{4.9}
$$

En considérant le développement en série de Taylor à l'ordre 1, chaque terme de (4.7) est représenté sous la forme linéaire suivante :

$$
\dot{\bar{h}}_1 = \bar{h}_1 \left[\frac{\partial f_1}{\partial h_1}\right]_{x_{10}} + \bar{h}_3 \left[\frac{\partial f_1}{\partial h_3}\right]_{x_{10}} + \bar{q}_1 \left[\frac{\partial f_1}{\partial q_1}\right]_{x_{10}}, \quad x_{10} = h_{10}, h_{20}, Q_{10} \tag{4.10a}
$$

$$
\dot{\bar{h}}_2 = \bar{h}_2 \left[\frac{\partial f_1}{\partial h_2}\right]_{x_{20}} + \bar{h}_3 \left[\frac{\partial f_2}{\partial h_3}\right]_{x_{20}} + \bar{q}_2 \left[\frac{\partial f_2}{\partial q_2}\right]_{x_{20}}, \quad x_{20} = h_{20}, h_{30}, Q_{20} \tag{4.10b}
$$

$$
\dot{\bar{h}}_3 = \bar{h}_1 \left[\frac{\partial f_3}{\partial h_1}\right]_{x_{30}} + \bar{h}_2 \left[\frac{\partial f_3}{\partial h_2}\right]_{x_{30}} + \bar{h}_3 \left[\frac{\partial f_3}{\partial h_3}\right]_{x_{30}}, \quad x_{30} = h_{10}, h_{20}, h_{30} \tag{4.10c}
$$

d'où

$$
\dot{\bar{h}}_1 = \frac{\alpha}{S}\left(\frac{-1}{2\sqrt{h_{10}-h_{30}}}\bar{h}_1 + \frac{1}{2\sqrt{h_{10}-h_{30}}}\bar{h}_3 + \bar{q}_1\right) \tag{4.11a}
$$

$$
\dot{\bar{h}}_2 = \frac{1}{S}\left[\left(\frac{-\alpha}{2\sqrt{h_{30}-h_{20}}} - \frac{\alpha_{20}}{\sqrt{h_{20}}}\right)\bar{h}_2 + \frac{\alpha}{2\sqrt{h_{30}-h_{20}}}\bar{h}_3 + \bar{q}_2\right] \tag{4.11b}
$$

$$
\dot{\bar{h}}_3 = \frac{\alpha}{S}\left[\frac{1}{2\sqrt{h_{10}-h_{30}}}\bar{h}_1 + \frac{1}{2\sqrt{h_{30}-h_{20}}}\bar{h}_2 - \left(\frac{1}{2\sqrt{h_{10}-h_{30}}} + \frac{1}{2\sqrt{h_{30}-h_{20}}}\right)\bar{h}_3\right]. \tag{4.11c}
$$

Le système linéarisé est décrit maintenant sous la forme d'espace d'état continue (4.8) avec les matrices équivalentes :

$$
A_c = \begin{bmatrix} -a_1 & 0 & a_1 \\ 0 & -a_2 - \frac{\alpha_{20}}{\sqrt{h_{20}}} & a_2 \\ a_1 & a_2 & -a_1 - a_2 \end{bmatrix}, \quad B_c = \begin{bmatrix} \frac{1}{S} & 0 \\ 0 & \frac{1}{S} \\ 0 & 0 \end{bmatrix}, \tag{4.12}
$$

où

$$
a_1 = \frac{\alpha}{2S\sqrt{h_{10}-h_{30}}}, \quad \text{et } a_2 = \frac{\alpha}{2S\sqrt{h_{30}-h_{20}}},
$$

les vecteurs d'état

$$
\bar{x}(t) = \begin{bmatrix} \bar{h}_1(t) & \bar{h}_2(t) & \bar{h}_3(t) \end{bmatrix}^T \tag{4.13}
$$

et le vecteur d'entrées

$$
\bar{u}(t) = \begin{bmatrix} \bar{q}_1(t) & \bar{q}_2(t) \end{bmatrix}^T. \tag{4.14}
$$

Comme illustré à la figure 4.1, les trois niveaux sont mesurés, soit $C_c = I$. Tenant compte des valeurs numériques présentées au tableau 4.1 on obtient les points de fonctionnement suivants :

$$
\begin{aligned}
Q_0 &= \begin{bmatrix} Q_{10} & Q_{20} \end{bmatrix}^T = \begin{bmatrix} 3.5 & 3.75 \end{bmatrix}^T \times 10^{-3}\, m^3/s \\
h_0 &= \begin{bmatrix} h_{10} & h_{20} & h_{30} \end{bmatrix}^T = \begin{bmatrix} 0.40 & 0.295 & 0.20 \end{bmatrix}^T\, m.
\end{aligned}
\tag{4.15}
$$

Les matrices (A_c, B_c, C_c) dans (4.8) sont équivalentes à :

$$A_c = \begin{bmatrix} -0.0111 & 0 & 0.0111 \\ 0 & -0.0213 & 0.0117 \\ 0.0111 & 0.0117 & -0.0228 \end{bmatrix}, \; B_c = \begin{bmatrix} 64.9351 & 0 \\ 0 & 64.9351 \\ 0 & 0 \end{bmatrix}, \; C_c = I. \tag{4.16}$$

Dans le cadre de nos travaux, nous considérons la représentation discrète de ce système sous la forme :

$$\begin{cases} x(k+1) & = Ax(k) + Bu(k), \\ y(k) & = Cx(k) + v(k), \end{cases} \tag{4.17}$$

où $v(k)$ représente le vecteur de bruit additif provoqué par les capteurs qui font les mesures de niveau, bruit supposé de moyenne nulle et de variance $r_b = 5 \times 10^{-4}$ $(\mathcal{N}(0, r_b^2))$.

La discrétisation au travers de $A = e^{A_c h}$, $B = \left(\int_0^h e^{A_c \tau} d\tau \right) B_c$, $C = C_c$, se fait en utilisant une période d'échantillonnage $h = 1\,s$, permettant d'assurer un asservissement avec une dynamique en boucle fermée respectant le théorème de Shannon. En conséquence les matrices discrètes (A, B, C) sont les suivantes :

$$A = \begin{bmatrix} 0.9890 & 0.0001 & 0.0109 \\ 0.0001 & 0.9790 & 0.0114 \\ 0.0109 & 0.0114 & 0.9776 \end{bmatrix}, \; B = \begin{bmatrix} 64.5775 & 0.0014 \\ 0.0014 & 64.2495 \\ 0.3562 & 0.3732 \end{bmatrix}, \; C = I. \tag{4.18}$$

Remarquons que sous conditions de bon fonctionnement le système linéaire est valide pour des valeurs autour du point de fonctionnement $(q_1, q_2) \in (\pm 15\% \, Q_{10}, \pm 15\% \, Q_{20})$.

Étant donné que le système est décrit sous forme linéaire et discrète, nous allons l'analyser dans un premier temps, en boucle ouverte et par la suite, en boucle fermée, afin de mesurer ses limites pour faire face à la présence de défauts actionneurs en utilisant l'indice basé sur la reconfigurabilité.

4.4 Calcul de la reconfigurabilité en boucle ouverte

L'analyse qui suit a pour objet d'avoir une première approche de la forme dans laquelle les actionneurs affectent la reconfigurabilité du système et donc de ce qu'il faut attendre de la boucle fermée. Cette analyse est possible car le système est stable en boucle ouverte, aisément verifiable au regard des pôles de la boucle ouverte de valeur $(0.9641, 0.9979, 0.9836)$.

Considérons le vecteur des facteurs d'efficacité $\gamma = \begin{bmatrix} \gamma_1 & \gamma_2 & \cdots & \gamma_r \end{bmatrix}^T$, $\gamma \in (0, 1)$ (cf. §1.3.3, p. 31) afin de décrire le système (4.17) en présence de défauts actionneurs :

$$\begin{cases} x(k+1) & = Ax(k) + B(\gamma)u(k), \\ y(k) & = Cx(k), \end{cases} \tag{4.19}$$

où la matrice $B(\gamma)$ est décrite sous la forme :

$$B(\gamma)u = \begin{bmatrix} b_1(\gamma_1) & b_2(\gamma_2) \end{bmatrix} \left(\begin{bmatrix} \bar{q}_1 \\ \bar{q}_2 \end{bmatrix} \right), \tag{4.20}$$

afin de considérer séparément les défauts sur chaque actionneur et de cette manière tracer l'indice basé sur la reconfigurabilité en boucle ouverte Q_σ^{bo}. Pour cela nous considérons l'équation (2.16) que nous rappelons ensuite :

$$Q_\sigma = \frac{\sigma_{max} - \sigma_{def}}{\sigma_{max} - \sigma_{min}}. \tag{4.21}$$

Dans le cas de la boucle ouverte nous considérons $\sigma_{max} = 65.95$, valeur obtenue avec une perte d'efficacité $\gamma_{1,2} = -0.98$. Alors que $\sigma_{min} = 0.2374$ est obtenu avec $\gamma_{1,2} = 0.0$.

Nous pouvons vérifier la reconfigurabilité du système en considérant les conditions limites par rapport à la perte totale de chacun des actionneurs. Nous considérons chaque cas où un des actionneurs est hors service l'autre étant opérationnel. Ensuite nous comparons l'indice obtenu pour chaque actionneur qui reste sain.

Remarquons que l'analyse suivante considère la plage d'opération linéaire du système, cependant si la perte d'un des actionneurs conduit à enfreindre la condition $h_1 > h_3 > h_2$, le système arrête immédiatement. Toutefois cela n'empêche pas d'effectuer l'analyse qui suit.

Dans ces conditions, notons que la commandabilité est préservée pour chaque cas de perte totale, c'est-à-dire $b_1(\gamma_1){=}0$ et $b_2(\gamma_2) = 0$ dans (4.20), et notons que chaque paire

$$\left(A, \begin{bmatrix} b_1 & 0 \end{bmatrix}\right) \text{ et } \left(A, \begin{bmatrix} 0 & b_2 \end{bmatrix}\right) \tag{4.22}$$

est commandable.

Afin d'analyser le systèmes sous conditions adverses, nous considérons la perte d'un des deux actionneurs. Sur la figure 4.2 peut s'observer l'indice Q_σ en boucle ouverte (BO) pour chaque actionneur. On fait varier le facteur d'efficacité de chaque actionneur alors que l'autre est complètement perdu.

Par exemple, dans la figure 4.2 (a) l'actionneur 2 ne fonctionne plus ($\gamma_2 = -1$) et l'efficacité de l'actionneur 1 varie entre les valeurs limites ($\gamma_1 \in [-1, 0]$. Le cas inverse se présente à la figure 4.2 (b), où l'actionneur 1 a perdu son efficacité. Ainsi, les courbes de la figure 4.2 permettent de remarquer que sous conditions défaillantes, le système en boucle ouverte est un peu plus sensible aux défauts de l'actionneur 1.

Au tableau 4.2 nous comparons les valeurs de l'indice basé sur la reconfigurabilité Q_σ^{bo} et la reconfigurabilité σ en boucle ouverte pour constater que dans le cas limite de défauts, l'actionneur 1 est plus sensible aux défauts.

Si l'actionneur 1 est totalement perdu, ce qui correspond à la troisième colonne du tableau 4.2 et à la figure 4.2 (b), la valeur de l'indice Q_σ est plus proche de l'unité tout au long des variations du facteur d'efficacité γ de l'actionneur 2.

En revanche, si nous considérons un des actionneurs sain alors que l'autre présente des variations sur son efficacité, alors nous obtenons les courbes de la figure 4.3.

TAB. 4.2 – Reconfigurabilité en boucle ouverte

Repère	$\begin{bmatrix} b_1 & b_2 \end{bmatrix}$	$\begin{bmatrix} 0 & b_2 \end{bmatrix}$	$\begin{bmatrix} b_1 & 0 \end{bmatrix}$
σ	5.8335×10^{-5}	6.2062×10^{-4}	0.0017
Q_σ^{bo}	1.0	0.9961	0.9290

Dans le cas de la figure 4.3 (a), l'actionneur 2 est sans défaut ($\gamma_2 = 0$) alors que l'actionneur 1 est affecté par la perte de l'efficacité ($\gamma_1 \in [-1, 0]$). Le cas contraire se présente sur la figure 4.3 (b). Notons que l'actionneur 2 affecte plus la reconfigurabilité du système quand il perd son efficacité, en présence de l'actionneur 1 sain.

Enfin nous obtenons une courbe générale illustrée à la figure 4.4, qui est constituée des courbes présentées aux figures 4.2 et 4.3. La distribution de cette courbe représente une tolérance aux défauts également distribuée pour les deux actionneurs. On essayera par la suite maintenir cette régularité en boucle fermée.

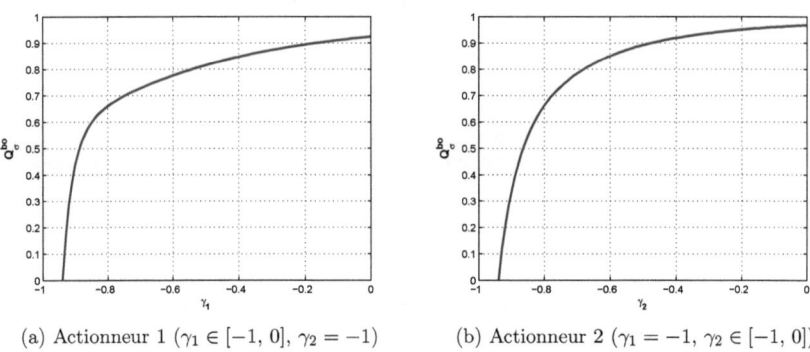

(a) Actionneur 1 ($\gamma_1 \in [-1, 0]$, $\gamma_2 = -1$)   (b) Actionneur 2 ($\gamma_1 = -1$, $\gamma_2 \in [-1, 0]$)

FIG. 4.2 – Indice basé sur la reconfigurabilité en BO pour chaque actionneur étant un perdu

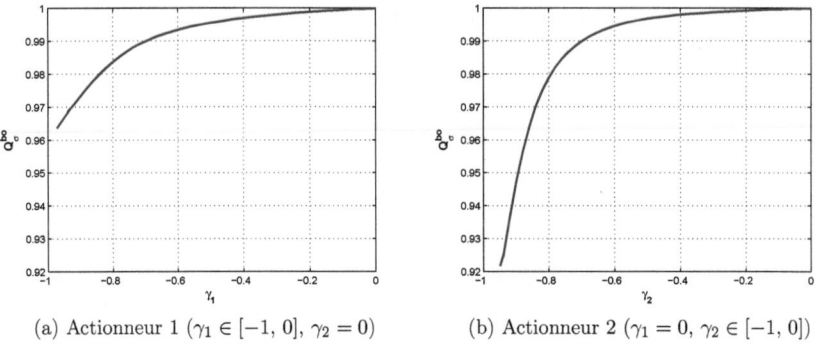

(a) Actionneur 1 ($\gamma_1 \in [-1, 0]$, $\gamma_2 = 0$)   (b) Actionneur 2 ($\gamma_1 = 0$, $\gamma_2 \in [-1, 0]$)

FIG. 4.3 – Indice basé sur la reconfigurabilité en BO pour chaque actionneur dont un sain

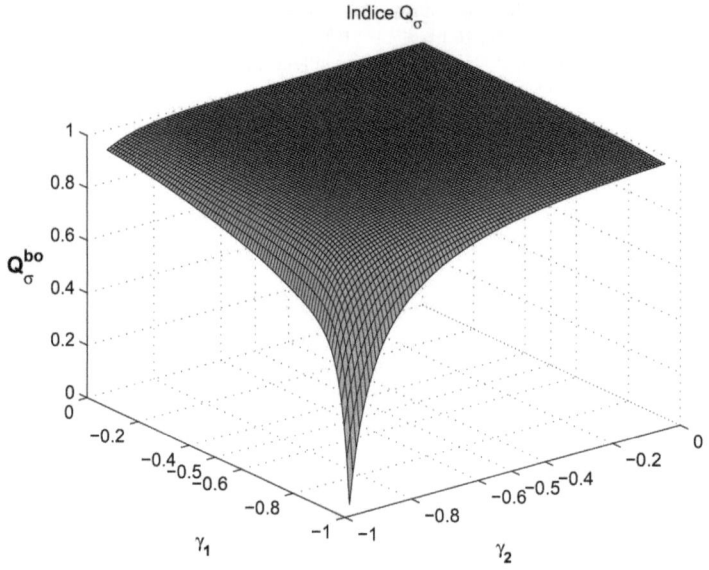

FIG. 4.4 – Indice basé sur la reconfigurabilité en boucle ouverte

4.5 Calcul de la reconfigurabilité en boucle fermée

4.5.1 Synthèse de la commande nominale par l'information du second ordre

Nous nous sommes intéressés à trois objectifs de commande :

– Synthétiser l'information du second ordre de forme à ce que son calcul en ligne soit direct et représentatif de la reconfigurabilité de la boucle ouverte.
– Assurer que les pôles de la boucle fermée se trouvent dans une région spécifique.
– Établir un asservissement adéquat dans le cadre d'une régulation par boucle fermée.

Afin de synthétiser l'information du second ordre par retour d'état nous considérons le modèle discret en boucle ouverte sous la forme :

$$\begin{cases} x(k+1) & = Ax(k) + Bu(k) + D_p y_{ref}(k) \\ y(k) & = Cx(k), \end{cases} \tag{4.23}$$

avec $y_{ref}(k) \in \mathbb{R}^q$, $q \leq r$. Le vecteur de référence $y_{ref}(k)$ est considéré comme l'entrée externe et sera utilisé également comme une excitation externe faisant évoluer le système afin de calculer l'information du second ordre(ISO) en utilisant la méthode ERA/OKID.

Afin de conserver la commandabilité de la paire (A, D_p), exigée pour la synthèse de l'ISO (cf. §1.2.2, p. 14), les colonnes de la matrice D_p doivent appartenir au même espace colonne généré par les colonnes de la matrice B [Collins et Skelton, 1987]. En conséquence la matrice D_p doit satisfaire la condition suivante :

$$\mathcal{C}_c(Dp) \in \mathcal{C}_c(B), \tag{4.24}$$

où $\mathcal{C}_c(\cdot)$ représente l'espace colonne de l'argument. Ceci justifie également la possibilité de commander le système vers la référence imposée. La matrice D_p dans (4.23) est de valeur :

$$D_p = \begin{bmatrix} 1 & 0 \\ 0 & 1 \\ 0 & 0 \end{bmatrix}. \tag{4.25}$$

Cette matrice garantit également des opérations mathématiques plus faciles au moment de calculer le gain de la boucle fermée pour la synthèse de l'information du second ordre.

Nous abordons premièrement la synthèse de la loi de commande en boucle fermée. Celle-ci est donnée par :

$$u(k) = Kx(k), \tag{4.26}$$

soit (4.23) représentée en boucle fermée sous la forme :

$$\begin{cases} x(k+1) & = (A + BK)x(k) + D_p y_{ref}(k) \\ y(k) & = Cx(k), \end{cases} \tag{4.27}$$

où la matrice K est synthétisée selon l'information du second ordre, c'est-à-dire :

$$K = B^+ \left(LF_1 \begin{bmatrix} I_\alpha & 0 \\ 0 & U_F \end{bmatrix} F_2^T T^{-1} - A \right), \tag{4.28}$$

où chaque définition des matrices est donnée au Chapitre 1 (§1.2.2.3, p. 20).

Dans le cadre du système étudié, nous considérons une dynamique en boucle fermée avec un minimum de dépassement ou proche de zéro afin d'éviter des mouvements turbulents au sein des réservoirs. Ainsi, le choix du grammien de commandabilité est établi afin de permettre de bien calculer l'ISO (et donc la reconfigurabilité) du système, mais aussi afin de placer des pôles dans une région acceptable pour que la *dynamique de la sortie soit amortie et sans dépassement*. Par conséquence nous choisissons pour le placement des pôles, dans le contexte discret, une valeur au-delà 0.9 du rayon du cercle unitaire du plan complexe. La valeur de la reconfigurabilité ne doit pas dépasser 0.20 dans le cas nominal.

La guide pour imposer les valeurs des entrées de la matrice de l'information du second ordre considère définir les pôles de la boucle fermée comme suit. Comme vu au Chapitre 1 (Remarque 1.7, p. 21), le placement de la partie réelle des pôles de la boucle fermée $\text{Re}\,[\lambda^{bf}]$ dans le plan complexe à l'intérieur du cercle unitaire dépend de la partie réelle des pôles du produit $D_p D_p^T X^{-1}$, c'est-à-dire :

$$\lambda^L \leq \text{Re}\,[\lambda^{bf}] \leq \lambda^U \tag{4.29}$$

où $\lambda^L = \sqrt{1 - \max_i \left\{ \lambda_i(D_p D_p^T X^{-1}) \right\}}$ et $\lambda^U = \sqrt{1 - \min_i \left\{ \lambda_i(D_p D_p^T X^{-1}) \right\}}$.

Afin de développer le produit $D_p D_p^T X^{-1}$ on considère la matrice X sous la forme :

$$X = \begin{bmatrix} x_{11} & x_{12} & x_{13} \\ x_{12} & x_{22} & x_{23} \\ x_{13} & x_{23} & x_{33} \end{bmatrix}, \tag{4.30}$$

et la matrice X^{-1} décrite par

$$X^{-1} = \begin{bmatrix} x_{11}^{inv} & x_{12}^{inv} & x_{13}^{inv} \\ x_{12}^{inv} & x_{22}^{inv} & x_{23}^{inv} \\ x_{13}^{inv} & x_{23}^{inv} & x_{33}^{inv} \end{bmatrix}. \tag{4.31}$$

Nous obtenons :

$$D_p D_p^T X^{-1} = \begin{bmatrix} x_{11}^{inv} & x_{12}^{inv} & x_{13}^{inv} \\ x_{12}^{inv} & x_{22}^{inv} & x_{23}^{inv} \\ 0 & 0 & 0 \end{bmatrix}. \tag{4.32}$$

Les pôles de ce denier sont

$$(0, x_{11}^{inv}, x_{22}^{inv}), \tag{4.33}$$

donnés par :

$$x_{11}^{inv} = \frac{x_{22}x_{33} - x_{23}^2}{det(X)}, \qquad x_{22}^{inv} = \frac{x_{11}x_{33} - x_{13}^2}{det(X)} \tag{4.34}$$

où

$$det(X) = x_{11}x_{22}x_{33} - x_{11}x_{23}^2 - x_{12}^2 x_{33} + 2x_{12}x_{13}x_{23} - x_{13}^2 x_{22}.$$

Pour simplifier l'analyse nous considérons $x_{12}^{inv} = 0$ et de cette forme :

$$det(X) = x_{11}x_{22}x_{33} - x_{11}x_{23}^2 - x_{13}^2 x_{22}.$$

On va imposer la partie réelle des pôles à l'aide de l'équation (4.29) afin de placer les pôles dans la région spécifiée $\lambda^{bf} \in [0.9, 1)$. La borne supérieure λ^U est directement obtenue à partir de (4.33) et donc $\lambda^U = 1$, puis il suffit de fixer la borne inférieure λ^L à partir des valeurs de x_{11}, x_{22}, x_{13}, x_{23}, x_{33}. On utilise le complement de Schur

$$X = \begin{bmatrix} Q & S \\ S^T & R \end{bmatrix} > 0,$$

avec $R > 0$ et $Q - SR^{-1}S^T > 0$, afin de trouver des valeurs pour x_{13}, x_{23} et ainsi X soit positive définie. Les valeurs sur la diagonale principale de cette matrice sont fixées à $x_{11} = 10$, $x_{22} = 6.5$, $x_{33} = 8$. La dernière valeur est choisie de forme libre selon s'explique à la section suivante. Les valeurs de x_{11} et x_{22} considèrent la valeur de reconfigurabilité imposée < 0.20, donc $x_{11} \geq x_{22}$. Nous obtenons ainsi :

$$X = \begin{bmatrix} 10 & 0 & 0.5 \\ 0 & 6.5 & 0.5 \\ 0.5 & 0.5 & 8 \end{bmatrix}, \tag{4.35}$$

qui permettrait l'obtention de pôles dans l'intervalle [0.9195, 1.0]. Importante à dire que le choix 1 n'est pas souhaité dans ce cas puisque nous ne sommes pas intéressés dans une système marginalement stable. Ensuite, il faut vérifier la condition

$$(I - BB^+)(AXA^T - X + D_p D_p^T + X_0)(I - BB^+) = 0, \tag{4.36}$$

afin de pouvoir synthétiser l'information du second ordre donnée par (4.35). Cependant la solution de l'équation (4.36) nous indique que la seule matrice à synthétiser dans notre cas est :

$$\bar{X} = \begin{bmatrix} 106.3002 & 32.4298 & 60.7338 \\ 32.4298 & 40.8603 & 30.8686 \\ 60.7338 & 30.8686 & 45.4286 \end{bmatrix}. \tag{4.37}$$

Cela signifie qu'on ne peut pas synthétiser précisément la matrice X. Néanmoins nous pouvons choisir une matrice proche de celle dont nous avons besoin afin de satisfaire à la condition des pôles et du grammien, ceci grâce au corollaire 1.13, dans la page 21. Rappelons que ce corollaire nous indique que la matrice X finalement synthétisée au travers du gain (4.28) permet de minimiser la norme Frobenius de l'équation de Lyapunov de la boucle fermée obtenue à travers cette synthèse.

Ainsi si X est la matrice désirée alors la matrice X_a synthétisée au travers de K sera proche de la première au sens de la norme Frobenius. Alors nous trouvons en utilisant (4.28) le gain :

$$K = \begin{bmatrix} -0.6376 & -0.2149 & 0.0227 \\ 0.1165 & -0.9309 & -0.0683 \end{bmatrix} \times 10^{-3} \tag{4.38}$$

qui nous permet de synthétiser la matrice X_a de valeur :

$$X_a = \begin{bmatrix} 10.1709 & 0.0719 & 1.4417 \\ 0.0719 & 6.5285 & 0.8490 \\ 1.4417 & 0.8490 & 1.1391 \end{bmatrix} \tag{4.39}$$

laquelle est proche de la matrice X souhaitée au sens de la norme Frobenius. Effectivement, les pôles obtenus sont $\lambda_i^{bf} = (0.9824, 0.9401, 0.9221)$ satisfaisant la dynamique imposée et appartenant à l'intervalle $[0.9052, 1.0)$. Constatons qu'en utilisant (4.29) nous pouvons déterminer l'intervalle où se trouvent les pôles de la boucle fermée en utilisant la matrice X_a décrite par (4.39).

Nous allons maintenant aborder la partie dédiée à l'asservissement. Pour ce faire, nous allons modifier le vecteur d'entrée $y_{ref}(k)$ qui contient la référence à suivre. On va introduire une matrice de gain inverse afin de normaliser cette entrée de telle sorte que les valeurs de la référence soient vérifiées. Il s'agit donc de la détermination d'une *précommande*.

Nous déterminons la valeur de la sortie en régime permanent du système et choisissons les variables d'état commandables afin de réussir l'asservissement. Pour cela il faut considérer la condition d'asservissement [D'Azzo et Houpis, 1995] suivante : *le nombre de variables à commander dépend du nombre d'actionneurs indépendants*. Donc si p est le nombre de variables à commander alors il faut que la condition $p \leq r$ soit satisfaite. En fait, afin de normaliser l'entrée et d'implémenter la précommande et afin de suivre la référence $y_{ref}(k)$, il faut que le système soit inversible en régime permanent [Davison, 1976]. Pour satisfaire cette condition, la matrice de sortie C dans (4.27) est fractionnée comme suit :

$$C = \begin{bmatrix} C_p \\ C_{n-p} \end{bmatrix} \tag{4.40}$$

où $C_p \in \mathbb{R}^{p \times n}$ est la matrice associée au vecteur de sorties réglables $y_p(k)$ et $C_{n-p} \in \mathbb{R}^{(n-p) \times n}$ est la matrice associée au vecteur de sorties non réglables $y_{n-p}(k)$.

Pour le calcul de la précommande, nous utilisons la valeur de la sortie stable du système avec la commande (4.38) ainsi trouvée. Nous compensons avec ces valeurs et celles de la référence afin de fixer les valeurs du vecteur d'entrée. Ansi la matrice en régime permanent K_{dc}, notée matrice de précommande, se détermine à travers la fonction de transfert suivante entre la sortie y_p et l'entrée de la référence y_{ref} :

$$K_{dc} = \lim_{z \to 1} C_p (zI - A_{bf})^{-1} D_p, \tag{4.41}$$

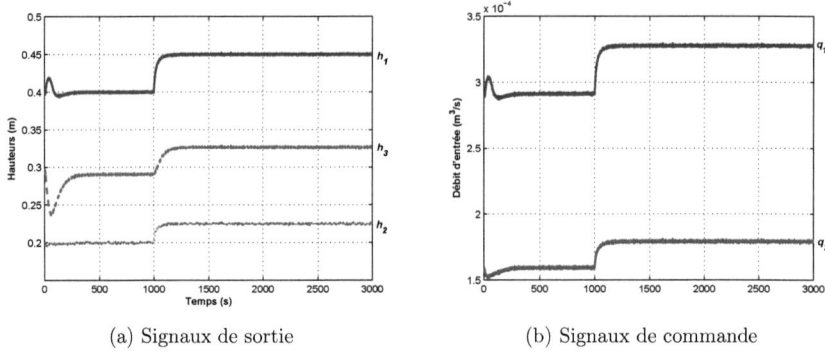

(a) Signaux de sortie   (b) Signaux de commande

FIG. 4.5 – Réponse du système à une variation de la référence à $[0.45, 0.225]^T$ à $1000\,s$

où $A_{bf} = A + BK$ est la matrice de la boucle fermée. Pour que la sortie $y_p(k)$ soit égale à la référence $y_{ref}(k)$ (soit $y_p(k) = y_{ref}(k)$) il faut que

$$y_{ref}(k) = K_{dc}^{-1} y_r(k) \tag{4.42}$$

où nous avons introduit la matrice de précommande K_{dc} et le vecteur de référence $y_r(k) = [y_{r1}(k),\ y_{r2}(k)]^T$ afin de décrire (4.27) sous la forme :

$$x(k+1) = A_{bf}x(k) + D_p K_{dc}^{-1} y_r(k), \tag{4.43}$$

Pour le cas nominal (ou sans défaut) de fonctionnement nous calculons numériquement cette précommande en considérant (4.41) et

$$C_p = \begin{bmatrix} 1 & 0 & 0 \\ 0 & 1 & 0 \end{bmatrix}, \tag{4.44}$$

pour ainsi obtenir :

$$K_{dc} = C_p(I - A_{bf})^{-1} D_p = \begin{bmatrix} 21.1377 & -2.1148 \\ 2.9806 & 12.6244 \end{bmatrix}. \tag{4.45}$$

Une fois toutes les valeurs numériques obtenues nous procédons à l'application de la commande sur le système. La réponse dynamique du système est présentée à la figure 4.5 avec une variation de la référence du point de fonctionnement $[0.40,\ 0.20]^T\,m$ vers la référence $y_r = [0.45,\ 0.225]^T\,m$ appliquée au temps $1000\,s$. Nous pouvons nous rendre compte que la valeur de changement est atteinte : le système est asservi avec un faible dépassement.

Étant donné la régulation correcte du système, nous procédons à l'analyse des propriétés du système à travers du calcul de l'indice basé sur la reconfigurabilité Q_σ. L'évaluation hors ligne de l'indice basé sur la reconfigurabilité Q_σ est présentée à la figure 4.6.

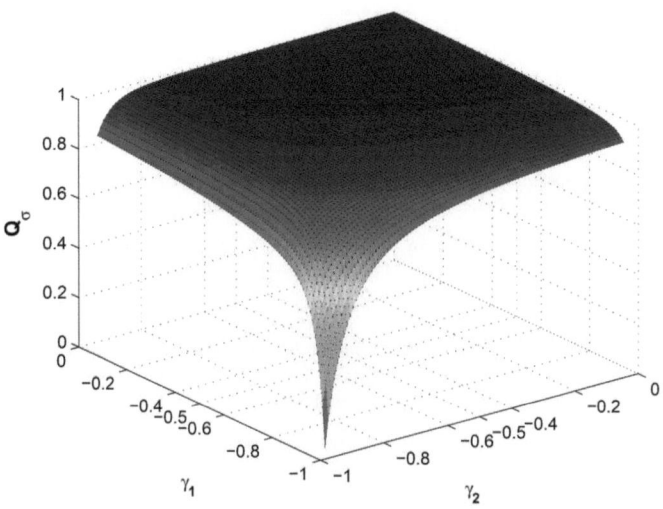

FIG. 4.6 – Indice basé sur la reconfigurabilité en boucle fermée (ISO complète)

La distribution de cette courbe est similaire à celle montrée à la figure 4.4 puisque l'information du second ordre synthétisée est fortement influencée par les deux états plus commandables, les états affectés par les entrées (les pompes délivrant le débit) permettant également de parvenir à l'asservissement. En effet, si nous essayons d'assigner d'autres matrices X_a avec les condition des pôles imposées, la structure de la matrice ainsi obtenue est similaire et donc la courbe pour Q_σ.

Cependant il faut considérer la différence existant entre les valeurs souhaitées et celles enfin synthétisées. Dans notre cas, la différence existant aux termes de la norme Frobenius entre (4.35) et (4.39) est notable :

$$\|X - X_a\|_F = 7.0092.$$

En effet, notons que la majeure différence arithmétique se trouve parmi les éléments x_{13}, x_{23}, x_{33}. On constate que l'élément x_{33} ne peut pas se synthétiser pour la même raison expliquant la condition $p \leq r$ pour l'asservissement de la commande : le nombre d'actionneurs conditionne la manipulation du troisième état, dans ce cas celui qui n'est pas affecté directement par les pompes dans le système physique représenté. En conséquence, les éléments liés au travers de cet état (hauteur h_3) dépendent principalement des autres hauteurs.

Dans le cas de ce système, l'information du second ordre qu'on peut synthétiser dépend donc des deux actionneurs et ceci se traduit dans la reconfigurabilité qu'on calcule puisque celle-ci est déterminée par $\sigma = \max_i \left\{ \lambda_i \left(X^{-1} \right) \right\}$. L'élément x_{33} de (4.39) étant éloigné de la valeur souhaitée (équation (4.35)) va donc introduire une différence notable dans le calcul de σ. En effet :

$$\sigma_X = 0.1577,$$

alors que

$$\sigma_{X_a} = 1.2579.$$

Cette différence notable peut introduire des erreurs au moment d'effectuer le calcul à partir des données entrée/sortie.

En conséquence nous allons discriminer le sous bloc concernant le troisième état et nous considérons le bloc supérieur gauche de la matrice X_a finalement synthétisée comme suit :

$$X_a = \begin{bmatrix} 10.1709 & 0.0719 & 1.4417 \\ 0.0719 & 6.5285 & 0.8490 \\ 1.4417 & 0.8490 & 1.1391 \end{bmatrix} = \begin{bmatrix} x_{11}^a & x_{12}^a & x_{13}^a \\ x_{12}^a & x_{22}^a & x_{23}^a \\ x_{13}^a & x_{23}^a & x_{33}^a \end{bmatrix}, \tag{4.46}$$

afin de préserver les éléments représentant mieux la relation entrée/sortie. Nous considérons alors la sous matrice formée par les entrées de la matrice x_{11}^a, x_{12}^a, x_{22}^a. Afin de comparer et de vérifier l'hypothèse présentée, nous comparons les sous matrices :

$$X_a' = \begin{bmatrix} 10.1709 & 0.0719 \\ 0.0719 & 6.5285 \end{bmatrix} \tag{4.47}$$

et

$$X' = \begin{bmatrix} 10.0 & 0.0 \\ 0.0 & 6.5 \end{bmatrix} \tag{4.48}$$

pour obtenir maintenant une différence

$$\|X' - X_a'\|_F = 0.2009.$$

Si nous considérons la reconfigurabilité de la matrice réduite X', notée $\sigma_{X'}$, et la reconfigurabilité de la matrice réduite X_a', notée $\sigma_{X_a'}$, alors nous obtenons les valeurs suivantes :

$$\sigma_{X'} = 0.1538, \qquad \sigma_{X_a'} = 0.1536,$$

et donc la différence hors ligne est petite.

En ce qui a trait à l'indice Q_σ, la courbe par rapport à la matrice de l'ISO réduite, avec l'état non synthétisé (x_{33}) supprimé de celle-ci, aura une forme similaire aux courbes des figures 4.4 et 4.6. La courbe obtenue avec la matrice de l'ISO réduite est présentée à la figure 4.7, courbe qu'on peut comparer à la courbe obtenue en considérant la matrice de l'ISO complète, soit la figure 4.6.

Constatons que visuellement la différence est également petite. De même, le fait d'utiliser la matrice réduite va *a priori* nous permettre d'effectuer des calculs plus fiables à partir des données entée/sortie. D'après la méthode ERA/OKID une excitation même par bruit ou contaminée par bruit, pourrait occulter la présence de ce troisième état si l'on ne le supprime pas de la matrice X_a. Avec la suppression, l'indice obtenu hors ligne devrait se rapprocher de celui obtenu en ligne. Nous allons verifier ceci dans le cas d'opération normale du système.

Le calcul en ligne de l'indice se fait grâce à un changement de la référence afin de faire évoluer le système et alors d'effectuer le calcul en utilisant la méthode ERA/OKID. La figure 4.8 montre

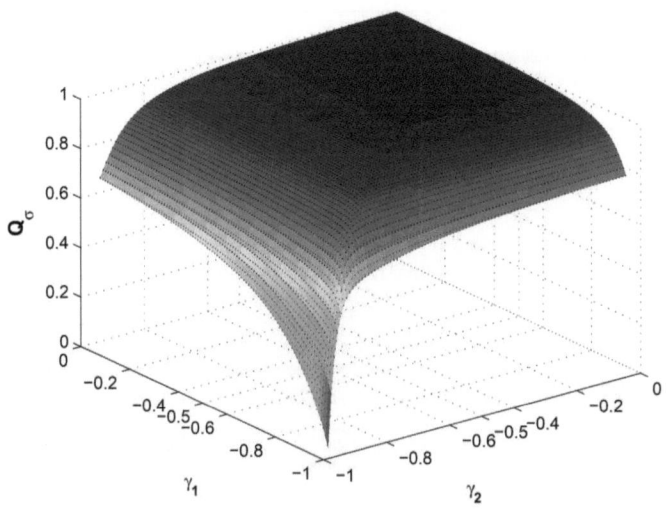

FIG. 4.7 – Indice basé sur la reconfigurabilité en boucle fermée (ISO réduite)

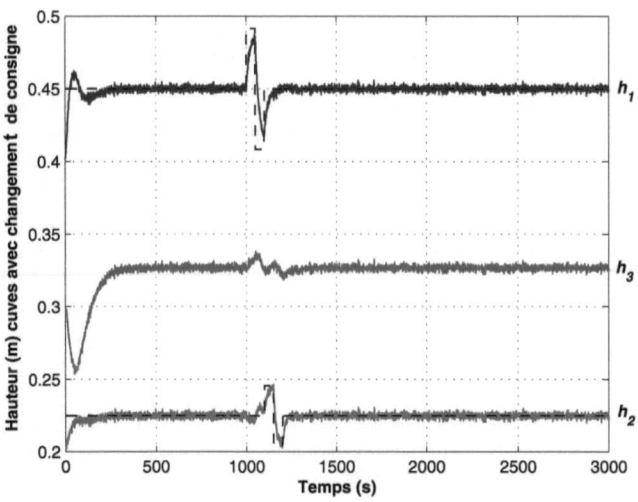

FIG. 4.8 – Signaux de sortie sans défaut avec changement de la référence pour calculer l'ISO

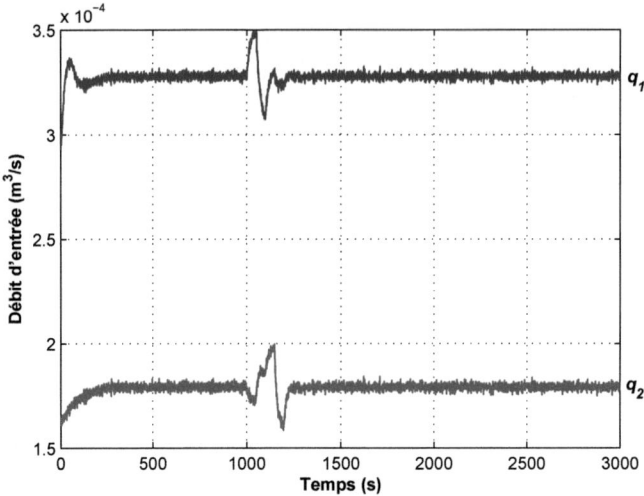

FIG. 4.9 – Signaux de commande sans défaut avec changement de la référence pour calculer l'ISO

l'évolution des hauteurs et la figure 4.9 les débits d'entrée quand la référence $y_r = [0.45, 0.225]^T m$ s'applique au départ de la simulation.

Le système en boucle fermée s'excite en affectant temporairement la valeur nominale de la référence au temps $t = 1000\,s$ pendant $200\,s$, cette dernière étant la fenêtre de temps pour effectuer le calcul (cf. figure 4.9). Nous utilisons 110 paramètres de Markov de l'observateur afin de calculer X_a et en conséquence Q_σ. La dimension de la matrice de Hankel est 88 et les données utilisées sont 600. Cette quantité est justifiée par le bruit de mesure affectant la sortie. Cependant, puisque le modèle du système est connu à priori et donc l'ordre ($n = 3$) la méthode ERA/OKID utilise directement les n premières valeurs obtenues de la SVD de la matrice de Hankel, ce qui permet de réduire le temps de calcul et opérations de l'ordinateur.

Nous considérons le calcul en ligne de la matrice de l'information du second ordre complète X_a (équation (4.39)) à partir de la simulation présentée aux figures 4.8-4.9, nous permettant ainsi de déterminer la valeur nominale de la reconfigurabilité. Nous avons obtenu hors ligne une valeur de $\sigma_{X_a} = 1.2579$. Pour le cas en-ligne nous obtenons $\sigma_{X_a} = 5.1834$. Une différence marquée.

Ensuite nous considérons les calculs effectués avec la matrice de l'information du second ordre réduite X'_a (équation (4.47)), nous avons obtenu la valeur hors ligne de $\sigma_{X'_a} = 0.1536$. En revanche, la valeur calculée en ligne est $\sigma_{X'_a} = 0.1535$, ce qui nous donne une difference ou petite erreur. Avec cette différence nous assurons des calculs en ligne fiables même en présence de bruit de mesures capteurs. Rappelons que selon l'indice basé sur la reconfigurabilité Q_σ, la valeur $\sigma_{X'_a} = 0.1535$ représente le 100% (1.00) car il s'agit de la valeur nominale sans défaut.

4.5.2 Simulation et analyse de la reconfigurabilité : le cas défaillant

Afin de mieux connaître l'impact de la dégradation d'actionneurs sur le calcul de la reconfigurabilité proposée, compte tenu des conditions actuelles de simulation, nous considérons plusieurs scénarios de défauts résumés au tableau 4.3.

TAB. 4.3 – Scénarios de défaut

Scénario	Actionneur affecté	Perte de l'efficacité	Temps d'occurrence
1	actionneur 1	40%	1500
	actionneur 2	0 %	
2	actionneur 1	80%	1500
	actionneur 2	0 %	
3	actionneur 1	0%	1500
	actionneur 2	40 %	
4	actionneur 1	0%	1500
	actionneur 2	80 %	
5	actionneur 1	40%	1500
	actionneur 2	70 %	
6	actionneur 1	70%	1500
	actionneur 2	40 %	

Dans un premier cas, nous présentons un défaut sur un des actionneurs (scénarios 1, 2, 3, 4). Dans un deuxième cas, les défauts affectent les deux actionneurs (scénarios 5 et 6). Dans aucun de ces cas l'accommodation du défaut est mise en œuvre puisque notre objectif est tout d'abord de calculer la reconfigurabilité une fois le défaut détecté.

Les valeurs de reconfigurabilité calculées hors ligne σ^{hl} et en-ligne σ^{el}, ainsi que l'indice basé sur la reconfigurabilité calculé hors-ligne Q_σ^{hl} et en-ligne Q_σ^{el}, pour chaque scénario de défaut se présentent au tableau 4.4. La valeur maximale de reconfigurabilité utilisée afin de calculer Q_σ^{hl} et Q_σ^{el} est de $\sigma_{max} = 12.0223$ (cf. équation (2.16), p. 44), obtenue avec une dégradation de $\gamma = -0.98$ sur les deux actionneurs.

TAB. 4.4 – Évaluation de σ et Q_σ dans les différents scénarios de défaut

Scénario	σ^{hl}	Q_σ^{hl}	σ^{el}	Q_σ^{el}
1	0.1826	99.752	0.1882	99.705
2	0.7600	94.887	2.0904	83.680
3	0.2965	98.792	0.3166	98.623
4	1.3104	90.250	1.6915	87.039
5	0.7725	94.782	0.9677	93.137
6	0.4468	97.526	0.7053	95.348

Une fois que le module FDI détermine l'apparition d'un défaut, un changement temporel de la référence y_r (de durée $200\,s$) s'applique afin de calculer en-ligne la reconfigurabilité au travers d'un programme intégrant l'algorithme basé sur ERA/OKID (présenté au Chapitre 2). La figure 4.10 montre les signaux de commande. Les autres scénarios de défauts sont exploités de manière similaire. La réponse du système en présence de défaut et le changement de la référence y_r pour

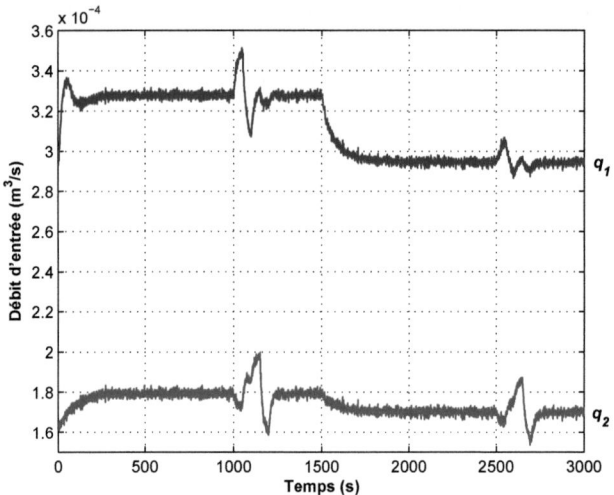

FIG. 4.10 – Signaux de commande : scénario 6 et changement de la référence pour calculer l'ISO

calculer la reconfigurabilité dans le cas nominal et défaillant du scénario 6, est illustrée à la figure 4.11.

La valeur de la reconfigurabilité obtenue en ligne s'éloigne de la valeur hors ligne quand la perte de l'efficacité dépasse le 50% (cf. tableau 4.4). Remarquons que la valeur hors ligne de Q_σ^{hl} est calculée sans considérer le bruit des mesures, alors que les simulations effectuées en ligne pour le calcul de Q_σ^{el} considèrent ce bruit.

Ceci explique la différence entre les valeurs de Q_σ dans le tableau 4.4, mais également par le fait même de la perte de l'efficacité : si l'actionneur perd sa capacité à délivrer le signal de commande, alors il est moins visible à la sortie dû au bruit qui l'occulte, donc suivre son action sur le système (l'excitation d'entrée au travers du changement de la référence vers les états) est plus difficile. Par conséquent la méthode ERA/OKID n'est plus capable de déterminer précisément la valeur de l'ISO et en conséquence de la reconfigurabilité. Néanmoins elle permet de calculer cette perte de l'efficacité avec des valeurs moins précises mais malgré tout fiables.

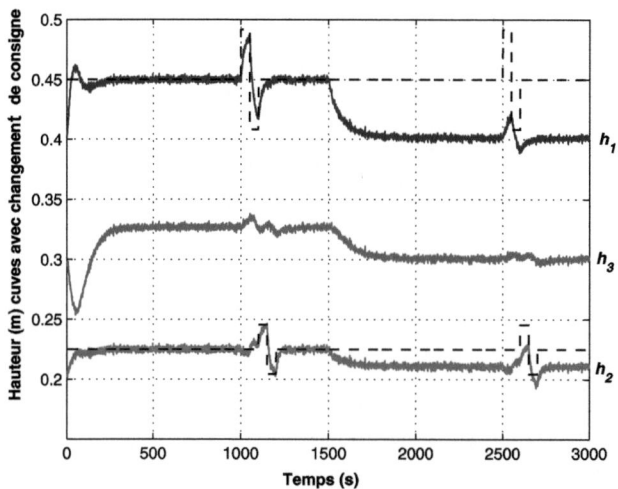

FIG. 4.11 – Signaux de sortie : scénario 6 et changement de la référence pour calculer l'ISO

4.5.3 Calcul de la reconfigurabilité avec accommodation de défauts

En utilisant la Remarque 3.4 vue au Chapitre 3 (§3.2, p. 94), l'accommodation du défaut en utilisant le nouveau gain K_f se fait à travers l'équation (3.77). De cette forme l'accommodation par rapport au bouclage par retour d'état compense le défaut. Néanmoins, afin de rétablir la réponse originale il faudra compenser également la précommande par rapport à la référence imposée. Pour ce faire, nous utilisons le principe de la PIM (§1.3.3, p. 32) pour calculer également ce gain. Alors :

$$(K_{dc}^f) = C_p(I - (A + B_f K_f)^{-1} D_p) \tag{4.49}$$

Maintenant nous allons utiliser les valeurs présentées au tableau 4.4 afin de définir la valeur admissible $Q_a(x_0)$ du système bouclé compte tenu de l'indice basé sur la reconfigurabilité. Nous observons dans ce tableau que la valeur de l'indice en ligne la plus petite et donc la pire, correspond au scénario 2. Cela représente la sensibilité du système et de l'algorithme ERA/OKID concernant des conditions réelles en présence de bruit de mesures capteurs. À partir de cela, nous fixons à 80% la valeur admissible $Q_a(x_0)$. Cette valeur apparaît à la figure 4.12 comme un plan qui coupe le tracé de l'indice Q_σ.

La valeur admissible $Q_a(x_0)$ peut être représentative d'une possible saturation des actionneurs compte tenu que sous les effets d'un défaut et après accommodation, les actionneurs sont trop sollicités afin de retrouver les sorties ou performances de sortie imposées originalement. Cette demande des actionneurs peut entraîner des nuisances à court terme. De même, une opération très sollicitée lors d'une période longue de fonctionnement sous condition défaillante n'est pas souhaitable.

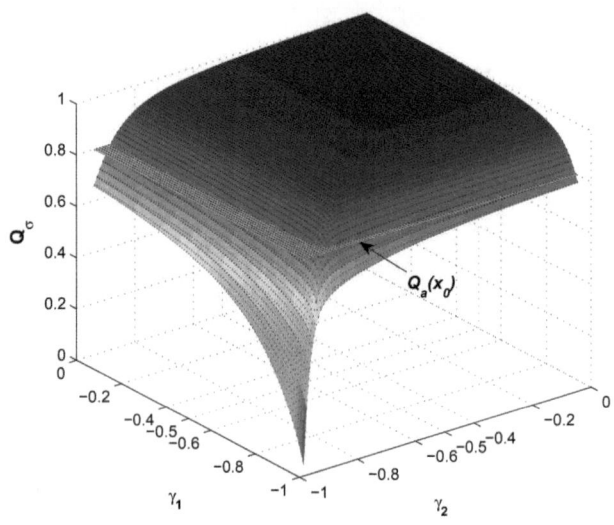

FIG. 4.12 – Indice basé sur la reconfigurabilité et la valeur admissible $Q_a(x_0)$

Celle-ci est donc l'hypothèse sous laquelle nous avons choisi la valeur de $Q_a(x_0)$. Nous présentons ensuite les résultats des simulations pour chaque scénario dans le cas de l'accommodation des défauts.

Chaque scénario est analysé de la même manière. On lance un calcul de l'indice lors de l'opération nominale du système, comme indiqué à la section précédente. Puis, une fois le défaut accommodé, on lance encore une fois le changement de la référence y_r pendant la fenêtre de temps de $200\,s$. Les données d'entrée/sortie obtenues dans cette fenêtre sont utilisées de la même manière que dans le cas abordé sans accommodation. L'intervalle de temps entre l'apparition de défaut (au temps t_d) et de l'accommodation (au temps t_a) est au maximum de $50\,s$, alors que le second calcul de l'ISO se fait à $t = 2500\,s$.

Le tableau 4.5 reporte les résultats du calcul de l'indice basé sur la reconfigurabilité $Q_\sigma^{el}(acc)$ après l'accommodation de défauts effectuée pour chaque scénario indiqué. Il présente également la valeur nominale hors ligne Q_σ^{hl} et la valeur en ligne Q_σ^{el} sans accommodation afin de comparer les résultats obtenus.

Notons que pour les différents scénarios malgré la présence de bruit de mesure, la méthode ERA/OKID permet de calculer l'indice Q_σ. En effet, les valeurs montrées au tableau 4.5 pour chaque Q_σ ont tendance à être similaires. La différence d'amplitude entre les indices $Q_\sigma^{el}(acc)$ et Q_σ^{hl} s'explique par le bruit de mesure qui occulte l'excitation due aux actionneurs.

D'ailleurs, la différence de valeurs entre Q_σ^{el} et $Q_\sigma^{el}(acc)$ s'explique par les variations des valeurs de la boucle fermée et de la précommande selon l'amplitude du défaut. Notons que dans

TAB. 4.5 – Indice basé sur la reconfigurabilité dans les différents scénarios

Scénario	Q_σ^{hl}	Q_σ^{el}	$Q_\sigma^{el}(acc)$
1	99.752	99.705	99.292
2	94.887	83.680	77.270
3	98.792	98.623	98.005
4	90.250	87.039	68.607
5	94.782	93.137	88.410
6	97.526	95.348	91.741

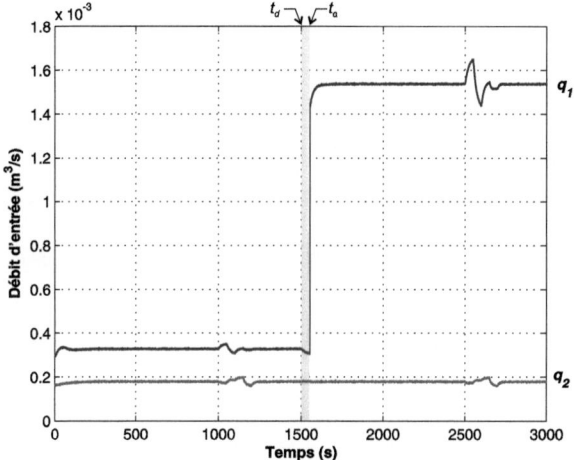

FIG. 4.13 – Signaux de commande : scénario 2 avec accommodation de défaut

le cas de défaut faible (scénarios 1 et 3) la différence est petite, alors que dans le cas de défauts d'amplitude majeure (scénarios 2 et 4) la différence est plus marquée.

Les figures 4.13-4.14 présentent les signaux de commande et hauteurs au regard du scénario 2. Afin d'accommoder le défaut le contrôleur modifie sa valeur afin de compenser la perte de l'efficacité comme illustré à la figure 4.13. Cette sollicitation est vérifiée à travers la valeur Q_σ, puisque la valeur indiquée au tableau 4.5 représente une baisse de reconfigurabilité et donc l'opération du système sous ces conditions peut représenter un risque. Même si l'accommodation de défaut permet de retrouver la performance de sortie originale, comme présenté à la figure 4.14. La valeur de Q_σ est au-dessous de la valeur de $Q_a(x_0)$ précédemment choisie comme valeur admissible.

Comme expliqué précédemment, la perte importante d'efficacité ne permet pas de montrer les états atteignables par l'excitation externe, dans ce cas à cause du changement de consigne. Le système peut réagir afin de compenser le défaut, compensation qui se traduit dans une sollicitation des actionneurs (pour le scénario 2 c'est l'actionneur 1, cf. figure 4.16), cependant l'excitation

123

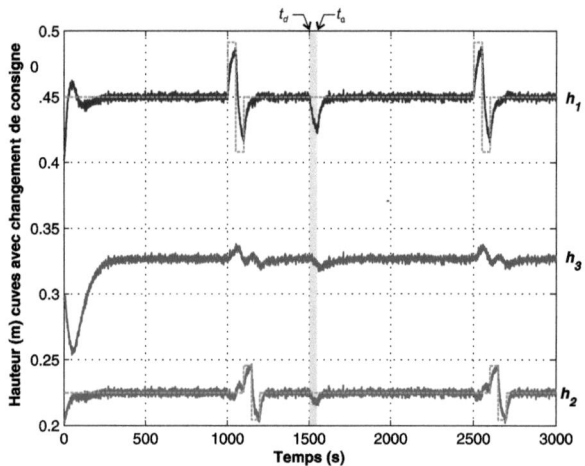

FIG. 4.14 – Signaux de sortie : scénario 2 avec accommodation de défaut

des états est masquée à cause du retour d'état contaminé par bruit qui est également amplifié par la compensation. Donc ce bruit affecte l'estimation, c'est-à-dire la sensibilité de la méthode ERA/OKID et par conséquent le calcul de Q_σ.

La figure 4.15 montre l'amplitude des valeurs singulières de la matrice de Hankel obtenue à partir de la méthode ERA/OKID. Ces valeurs nous montrent le niveau d'excitation dû au changement de consigne (excitation) affectant le système, y compris le bruit. Observons que dans le cas nominal (cf. figure 4.15 (a)) les trois valeurs d'amplitude plus grande, qui représentent les

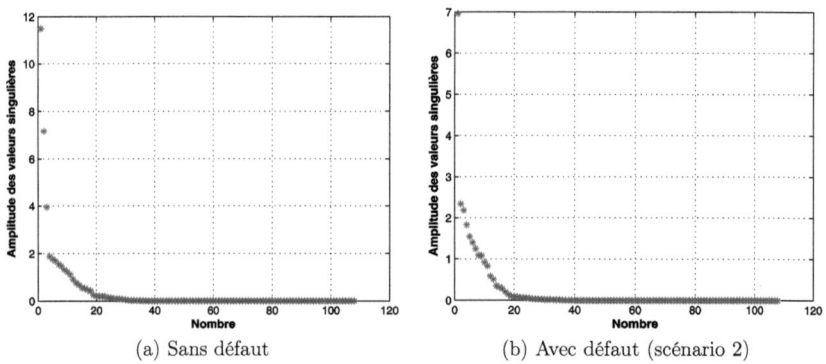

(a) Sans défaut   (b) Avec défaut (scénario 2)

FIG. 4.15 – Valeurs singulières de la matrice de Hankel de l'observateur

états du système, sont bien différenciées des autres, qui correspondent au bruit de mesure. Par contre, dans le cas défaillant (cf. figure 4.15 (b)) seul une valeur est très bien différenciée et les autres deux valeurs plus grandes sont plus proches des valeurs qui correspondent au bruit. Évidement si le bruit est inférieur la mesure est meilleur, en revanche si le bruit augmente le calcul sera moins performant. Dans le cas de ce scénario le calcul ne plus performant à cause de la perte d'efficacité, à savoir le défaut, comme explique ci-dessus.

Si nous considérons le scénario 6, nous avons une valeur Q_σ au-dessus de la valeur $Q_a(x_0)$ indiquant une opération admissible et également d'accommodation de défaut convenable (cf. figure 4.16). Malgré les défauts affectant les deux actionneurs, la reconfigurabilité est bonne. Notons que l'actionneur 1 est sollicité, mais à une valeur inférieure à celle du scénario 2 précédent. Dans ce cas le système est moins sensible aux défauts et il peut continuer à opérer d'une manière acceptable grâce à l'accommodation du défaut. Comme on peut le constater en regardant la figure 4.17, l'accommodation permet de retrouver la performance originale de sortie du système.

Il est possible de modifier bien sûr la valeur de $Q_a(x_0)$ afin de mieux l'adapter à la condition de saturation des actionneurs, par exemple. Néanmoins, en considérant les valeurs présentées au tableau 4.5, dans le cas de défauts au-delà 50% de la perte de l'efficacité (scénarios 2 et 6 par exemple) il faudrait considérer la reconfiguration du système afin de modifier la commande ou bien modifier les objectifs de la commande par un changement de référence adaptée, comme suggéré par [Zhang et Jiang, 2003].

Toutefois, les résultats obtenus nous permettent d'observer l'utilité de la synthèse de la com-

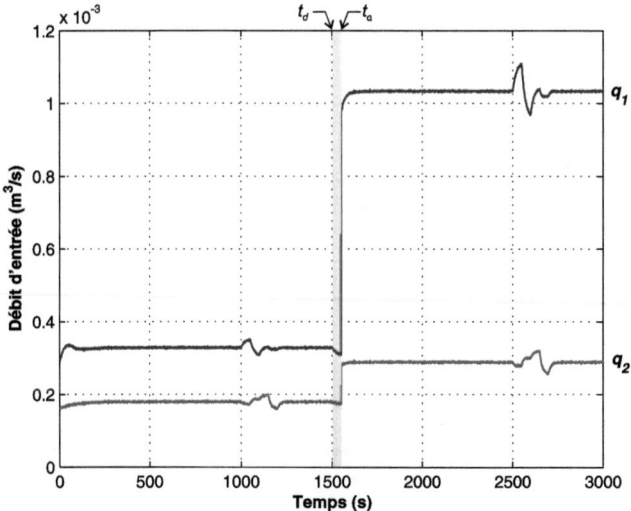

FIG. 4.16 – Signaux de commande : scénario 6 avec accommodation de défaut

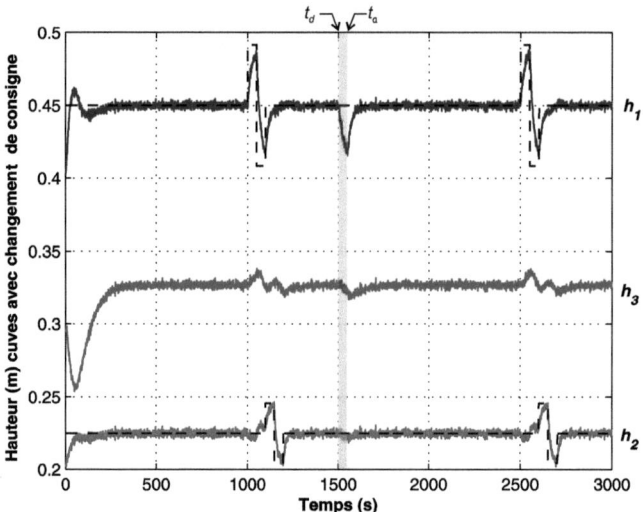

FIG. 4.17 – Signaux de sortie : scénario 6 avec accommodation de défaut

mande en utilisant l'ISO permettant de la mesurer au travers de la méthode ERA/OKID afin de déterminer la capacité du système à continuer à opérer malgré des défauts.

4.6 Conclusion

Dans ce chapitre nous avons présenté un exemple d'application en considérant la simulation réaliste d'un système non linéaire afin d'illustrer notre contribution théorique des précédents chapitres.

Pour ce système des trois cuves, l'évaluation de la reconfigurabilité hors-ligne en boucle ouverte a été présentée afin de conforter le choix de l'information du second ordre pour la synthèse de la commande par retour d'état.

Nous avons synthétisé une commande avec une information du second ordre approchée de celle initialement fixée. Le choix de la matrice représentant l'information du second ordre a permis de restreindre le placement de la partie réelle des pôles de la boucle fermée ainsi synthétisée. Surtout, cette information du second ordre a été choisie afin d'obtenir des valeurs de reconfigurabilité vérifiables, mais également afin de les calculer aisément, par comparaison avec celles obtenues en ligne à partir de données entrée/sortie grâce à la méthode ERA/OKID.

De ce point de vue, la surveillance de l'opération du système peut se faire afin de déterminer l'état de l'installation par rapport aux défauts actionneurs. Six scénarios de défauts ont été

126

considérés pour comparer l'indice basé sur la reconfigurabilité calculé hors ligne et en ligne dans la condition nominale et en présence de défauts, sans et avec accommodation du défaut.

Après l'accommodation du défaut nous avons constaté que les valeurs de l'information du second ordre sont proches des valeurs obtenues sans accommodation. La différence peut s'expliquer d'un part, par le bruit des capteurs et d'autre part, par le changement des valeurs subi par le système après modification des gains de commande et précommande. Malgré cela, les valeurs obtenues sont fiables par rapport à ce qui représentent. En revanche des contraintes exploitant une telle méthode en ligne sont les suivantes :

1) Il faut atteindre le régime permanent d'opération avant de lancer l'algorithme de calcul de la reconfigurabilité/indice.

2) Le bruit de capteurs du système peut affecter la fiabilité du calcul de l'indice basé sur la reconfigurabilité ainsi proposée.

Ainsi, les résultats obtenus ont permis de montrer l'efficacité mais également les faiblesses inhérentes à l'estimation en ligne de la reconfigurabilité (également de l'indice) au travers de la méthode ERA/OKID.

Du coté accommodation, nous avons considéré les conditions de synthèse de l'information du second ordre afin de recalculer le gain du retour d'état pour la condition de défaut du système. Ceci a permis de retrouver la performance de sortie initiale concernant les valeurs de référence imposées.

Finalement, nous pouvons constater que le calcul de l'information du second ordre, et donc de la reconfigurabilité, peut être effectué compte tenu des données obtenues à partir des signaux d'excitation (changement de consigne) et de sortie connus. Dans notre cas, nous avons utilisé la synthèse de l'information du second ordre afin de préserver et de bien connaître la reconfigurabilité dans tous les scénarios possibles de défauts du type perte de l'efficacité actionneurs.

Conclusion Générale et Perspectives

L'information du second ordre représente des interactions énergétiques des excitations affectant le système sur ses états et sorties. Dans le cas déterministe elle est représentée par le grammien de commandabilité. Ce dernier a été l'objet de l'étude présentée dans ce mémoire de thèse. Nous avons orienté l'utilisation de l'information du second ordre dans le domaine de la tolérance aux défauts afin de contribuer à la tolérance aux défauts et supervision des systèmes de commande en présence de défauts actionneurs. Notre objectif a été de proposer des méthodes de reconfiguration/accommodation de défauts reposant sur la synthèse de lois de commande en termes d'information du second ordre. De même, des approches estimant l'information du second ordre ainsi synthétisée ont été proposées.

L'originalité de la thèse repose donc sur l'utilisation de l'information du second ordre dans le contexte déterministe et dans le domaine de la tolérance aux défauts des systèmes linéaires. En effet, dans ce travail, l'exploitation de cette information dans le contexte de la tolérance aux défauts est analysée pour une première fois de façon explicite. En fait, un grand nombre de publications aborde le sujet de la commande tolérante aux défauts sans un rapport direct à l'information du second ordre. Cependant, on trouve des publications concernant l'emploi de l'information du second ordre sous la forme de grammien de commandabilité afin de définir des mesures quantitatives de la tolérance aux défauts des systèmes linéaires. Cette interprétation est utilisée pour définir le concept de reconfigurabilité de la commande.

Motivés par l'importance de mesurer la reconfigurabilité des systèmes linéaires, nous avons proposé des méthodes afin de calculer la reconfigurabilité au moyen de l'information du second ordre, en utilisant les grandeurs d'entrée/sortie du système. Pour cela nous considérons l'information du second ordre dans le contexte original, comme la somme des grammiens de commandabilité : un obtenu par rapport aux excitations externes et l'autre obtenu par rapport aux conditions initiales. En considérant ce dernier, nous avons proposé une méthode de calcul direct en utilisant les signaux de sortie, méthode présentant des inconvénients pratiques compte tenu de la réponse en régime libre requise pour effectuer le calcul.

En revanche une méthode d'identification permettant de déterminer la valeur de l'information du second ordre prenant en compte les excitations externes a été proposée. Le choix de la méthode ERA (*eigensystem realization algorithm*, en anglais) est justifié parce que celle-ci est fondée sur la même base que celle de la reconfigurabilité. Ainsi, l'excitation externe affectant le système révèle les états les mieux excités au travers de la matrice de commande. Cependant la méthode ERA requière une grande quantité de données obtenues des grandeurs entrée/sortie. Afin de palier cette contrainte, un observateur permettant de réduire la quantité de données à utiliser a été ajouté, permettant également un calcul en ligne à la demande (calcul lancé à certains instants d'opération du système).

Nous avons proposé ensuite un indice basé sur la reconfigurabilité permettant d'établir des valeurs acceptables de reconfigurabilité qu'un système de commande peut admettre. Cela se traduit comme la valeur de reconfigurabilité que le système ne doit pas dépasser en présence de défauts de type perte d'efficacité actionneurs avec le risque de mettre en danger l'opération, le système ou l'installation. L'utilité potentielle de cet indice nous a amené à le proposer également pour des systèmes commandés en réseau tolérants aux défauts.

Enfin, le calcul en ligne de l'information du second ordre peut aider dans la supervision des certains systèmes de commande dont les actionneurs affectent les sorties de forme importante. Cependant dans des systèmes sous-actionnés une telle calcul en ligne il ne peut être performante à cause de la sensibilité des états aux excitations externes. Il semble très probable que le bruit soit confondu comme une source d'excitation à cause d'un telle sensibilité provoquant ainsi des calculs imprécises. Cependant, l'indice basé sur la reconfigurabilité peut s'avérer comme une outil importante dans l'étude hors ligne ou *a priori* de la sensibilité d'un sous-actionnement en tenant compte qu'il montre la capacité du système à être commandé en présence ou absence de défauts.

L'information du second ordre étant un indicateur (au travers de la reconfigurabilité) de la capacité du système en termes d'énergie consommée par les actionneurs, nous l'avons synthétisée en boucle fermée afin de l'imposer et de cette manière de la calculer aisément, mais également pour établir une valeur *a priori* pouvant être comparée avec la valeur obtenue à partir des données entrée/sortie. Nous avons présenté également qu'une telle synthèse permet d'imposer une réponse dynamique requise.

Afin de garantir pour l'information du second ordre une valeur admissible en présence de défauts, nous avons proposé des méthodes d'accommodation de défauts. Dans une première approche, des systèmes SISO on été considérés. La synthèse dans ce cas est développée de manière systématique basée sur la méthode de la pseudo inverse modifiée, également en considérant des variations paramétriques structurées liées à la même information du second ordre ainsi synthétisée.

La méthode présente les inconvénients suivants : i) il faut essayer différentes valeurs de gain afin de retrouver une dynamique en accord avec l'originale, ii) elle est restreinte aux systèmes monovariables. En revanche, une approche pour des systèmes multivariables a été proposée. En réalité, nous avons analysé les conditions de synthèse de la commande en termes d'information du second ordre en présence de défauts actionneurs. Ces conditions ont été vérifiées dans le but d'accommoder le défaut à l'aide d'un exemple académique. L'approche permettant l'accommodation ne considère que les défauts de type perte d'efficacité actionneurs. Les questions par rapport à la synthèse concernant la sélection des valeurs de la matrice antisymétrique utilisée dans le calcul du gain de retour d'état restent ouvertes, également par rapport au choix des excitations du système.

Enfin un exemple traité dans des conditions réalistes intégrant d'une part, les approches d'accommodation proposées, d'autre part le calcul en ligne de l'information du second ordre, a été présenté. Nous avons constaté qu'en présence de bruit de mesure, les calculs ne sont pas exacts, cependant sont-ils fiables par rapport à la détermination de la variation de la reconfigurabilité en présence de défauts. Concernant l'accommodation de défauts, nous avons présenté des scénarios de défauts permettant de constater la pertinence de la méthode ainsi proposée.

Perspectives

À partir de l'ensemble des résultats obtenus, il nous semble intéressant d'étendre notre étude aux problématiques suivantes :

Indice basé sur la reconfigurabilité. Nous pensons que la détermination de la valeur de l'information du second ordre ainsi que de la reconfigurabilité/indice peut être une option pour la mesure de la performance dans des approches de commande tolérante aux défauts basées sur la surveillance de la performance. Ce principe, mis en œuvre dans [Ingimundarson et Sánchez-P., 2008], consiste à surveiller les valeurs de performance du système bouclé. D'après les valeurs obtenues, un mécanisme de sélection choisira la loi de commande convenable parmi d'autres contenues dans une banque de contrôleurs. Les performances considérées se basent sur l'erreur (entre la référence et la sortie) et l'opération du système en mode dégradé [Zhang et Jiang, 2003]. Cependant l'emploi de l'algorithme permettant le calcul de la reconfigurabilité en ligne permettrait de considérer directement la dégradation des actionneurs afin de choisir la loi de commande qui s'adapte le mieux à la condition défaillante, et également au mode de dégradation des actionneurs permettant la sûreté de l'opération du processus.

De même, comme proposée dans [Chowdhury et Chen, 2006], une évaluation directe de la capacité des actionneurs (dans notre étude, la reconfigurabilité) permettrait d'évaluer le système de commande même après avoir accommodé les défauts. Les signaux de sortie permettent de déterminer des changements de performance, néanmoins, après l'apparition et l'accommodation de défauts, ils ne permettent pas de savoir le niveau de dégradation des actionneurs. Il s'agit de surveiller l'opération des actionneurs du système afin d'appliquer la maintenance, même pour des systèmes tolérants aux défauts. Cette approche entraîne la problématique de décider combien de temps nous pouvons permettre au système de travailler en mode dégradé, même après avoir appliqué une stratégie de tolérance aux défauts.

Calcul en ligne et en temps réel de l'information du second ordre. Afin d'améliorer la mesure et la rendre plus efficace contre les défauts de type intermittent ou naissant, nous suggérons d'utiliser et d'adapter des méthodes d'identification basées sur la technique ERA/OKID (ERA avec observateur de Kalman), comme celles proposées dans [Horta et Sandridge, 1992], où des algorithmes de récurrence sont utilisés afin d'effectuer le calcul en temps réel. Ceci permettrait d'implanter un système intégral de détection et reconfiguration/accommodation de défauts. Toutefois, la méthode déjà développée dans ce mémoire compte tenu de l'observateur déjà intégré permettrait, au moins, de détecter l'apparition d'un défaut.

Considération des autres méthodes d'identification. Lié au point précédent, l'utilisation des autres méthodes d'identification d'un système multivariable peut être judicieuse afin de comparer et définir le meilleur choix entre différents méthodes basées en la réalisation d'un système. Telles méthodes peuvent être ceux des sous-espaces compte tenu de sa capacité à être implantées de forme recursive et relative robustesse au bruit.

Annexe A : Algorithme pour l'obtention de la forme équilibrée des systèmes

L'algorithme suivant a pour but de calculer la matrice de transformation T permettant d'obtenir les grammiens équilibrés du système dynamique représenté par (A, B, C) que nous appelons réalisation. Cela signifie trouver une représentation sous la forme équilibrée. Remarquons que l'algorithme est indépendant du contexte continu et discret. Donc, nous utilisons l'opérateur $Lyap(X, Y)$ pour représenter l'équation de Lyapunov dont la paire (X, Y) des matrices de dimensions compatibles X, Y est affectée.

1- Déterminer les grammiens de commandabilité et d'observabilité, $W_c = Lyap(A, B)$ et $W_o = Lyap(A^T, C^T)$.

2- Déterminer la matrice de *facteurs de Cholesky*, c'est-à-dire, une matrice R telle que : $W_c = R^T R$ (R est inversible car W_c est définie positive).

3- Par une décomposition en valeurs singulières (SVD), déterminer Σ, matrice diagonale définie positive :

$$\Sigma = \begin{bmatrix} \varphi_1 & 0 & \cdots & 0 \\ 0 & \varphi_2 & \cdots & 0 \\ \vdots & \vdots & \ddots & \vdots \\ 0 & \cdots & 0 & \varphi_n \end{bmatrix},$$

avec

    a) $\varphi_1 \geq \varphi_2 \geq \cdots \varphi_n$,

    b) $\varphi_i = \sqrt{\lambda_i(W_c W_o)}$,

et U, matrice unitaire ($UU^T = I$), telles que : $RW_oR^T = U\Sigma^2 U^T$.

4- La matrice T est donnée par

$$T = \Sigma^{1/2}U^T R^{-T}.$$

Une fois connue la valeur de T nous avons les relations suivantes :

$$Lyap\left(TAT^{-1}, TB\right) = T\left(Lyap\left(A, B\right)\right)T^T = \Sigma$$
$$Lyap\left(\left(TAT^{-1}\right)^T, \left(CT^{-1}\right)^T\right) = T^{-T}\left(Lyap\left(A^T, C^T\right)\right)T^{-1} = \Sigma$$

où $^{-T}$ veut dire la transposée de l'inverse d'une matrice. Nous considérons ensuite les matrices $\bar{A} = TAT^{-1}$, $\bar{B} = TB$ et $\bar{C} = CT^{-1}$. Donc $(\bar{A}, \bar{B}, \bar{C})$ représente la réalisation équilibrée du système (A, B, C). En résumé nous avons :

$$Lyap\left(\bar{A}, \bar{B}\right) = Lyap\left(\bar{A}^T, \bar{C}^T\right) = \begin{bmatrix} \varphi_1 & 0 & \cdots & 0 \\ 0 & \varphi_2 & \cdots & 0 \\ \vdots & \vdots & \ddots & \vdots \\ 0 & \cdots & 0 & \varphi_n \end{bmatrix} = \Sigma.$$

Sous $Matlab_{\copyright}$ la fonction `balreal` permet d'obtenir cette réalisation.

Annexe B : Algorithme pour obtenir une représentation commandable

L'algorithme suivant a pour but de calculer la matrice de transformation T permettant d'obtenir une représentation commandable (A, B, C) à partir de la représentation (A_o, B_o, C_o). La relation entre les deux représentations est donnée par :

$$A = TA_oT^{-1}, \quad B = TB_o, \quad C = C_oT^{-1}$$

où

$$T = \begin{bmatrix} t_1 \\ t_2 \\ t_3 \\ \vdots \\ t_n \end{bmatrix},$$

et la condition de commandabilité complète est requise, c'est-à-dire, que le rang $\mathcal{R}$ de la matrice de commandabilité $\mathcal{C}$ est plein, soit :

$$\mathcal{R}(\mathcal{C}) = n,$$

où n représente l'ordre du système. Les matrices du système sous une représentation commandable se trouvent sous la forme :

$$A = \begin{bmatrix} 0 & 1 & 0 & \cdots & 0 \\ 0 & 0 & 1 & \cdots & 0 \\ & & \vdots & & \\ 0 & 0 & 0 & \cdots & 1 \\ -a_1 & -a_2 & -a_3 & \cdots & -a_n \end{bmatrix}, \quad B = \begin{bmatrix} 0 \\ 0 \\ \vdots \\ 0 \\ 1 \end{bmatrix}.$$

La relation entre les matrices du système original et sous la forme commandable est donnée par $AT = TA_o$, alors

$$\begin{bmatrix} 0 & 1 & 0 & \cdots & 0 \\ 0 & 0 & 1 & \cdots & 0 \\ & & \vdots & & \\ 0 & 0 & 0 & \cdots & 1 \\ -a_1 & -a_2 & -a_3 & \cdots & -a_n \end{bmatrix} \begin{bmatrix} t_1 \\ t_2 \\ t_3 \\ \vdots \\ t_n \end{bmatrix} = \begin{bmatrix} t_1A_o \\ t_2A_o \\ t_3A_o \\ \vdots \\ t_nA \end{bmatrix} \Rightarrow \begin{array}{l} t_2 = t_1A_o \\ t_3 = t_2A_o = t_1A_o^2 \\ \vdots \\ t_n = t_1A_o^{n-1}. \end{array}$$

De forme similaire $TB_o = B$, alors

$$\begin{bmatrix} t_1 B_o \\ t_2 B_o \\ t_3 B_o \\ \vdots \\ t_n B_o \end{bmatrix} = \begin{bmatrix} 0 \\ 0 \\ \vdots \\ 0 \\ 1 \end{bmatrix} \Rightarrow \begin{matrix} t_1 B_o = 0 \\ t_1 A_o B_o = 0 \\ \vdots \\ t_1 A_o^{n-2} B_o = 0 \\ t_1 A_o^{n-1} B_o = 1. \end{matrix}$$

Nous développons de forme que

$$t_1 \begin{bmatrix} B_o & A_o B_o & A_o^2 B_o & \cdots & A_o^{n-1} B_o \end{bmatrix} = t_1 \mathcal{C} = \begin{bmatrix} 0 & 0 & 0 & \cdots & 1 \end{bmatrix}$$

et enfin

$$t_1 = \begin{bmatrix} 0 & 0 & 0 & \cdots & 1 \end{bmatrix} \mathcal{C}^{-1}.$$

Nous résumons la procédure en deux pas, comme suit :

1- Déterminer la première ligne de la matrice T, appelée t_1, au travers de la matrice de commandabilité $\mathcal{C}$ connue au départ grâce à la paire (A_o, B_o) :

$$t_1 = \begin{bmatrix} 0 & \cdots & 0 & 1 \end{bmatrix} \mathcal{C}^{-1}.$$

2- La matrice T est donnée par

$$T = \begin{bmatrix} t_1 \\ t_1 A_o \\ \vdots \\ t_1 A_o^{n-1} \end{bmatrix}.$$

Bibliographie

[Aström et Wittenmark, 1997] ASTRÖM, K. et WITTENMARK, B. (1997). *Computer-Controlled Systems : Theory and Design*. Systems Sciences Series. Prentice Hall, USA, 3rd édition.

[Bakaric et al., 2003] BAKARIC, V., VUKIC, Z. et ANTONIC, R. (2003). Scope and application of reconfigurable control. *Dans : Proc. of the 11th Mediterranean Conference on Control and Automation, MED'03*, CD-ROM, Rhodes, Greece.

[Benítez-Pérez et García-Nocetti, 2005] BENÍTEZ-PÉREZ, H. et GARCÍA-NOCETTI, F. (2005). *Reconfigurable Distributed Control*. Springer, London, UK.

[Bernstein, 2005] BERNSTEIN, S. (2005). *Matrix Mathematics*. Priceton University Press, Princeton, New Jersey.

[Blanke et al., 2006] BLANKE, M., KINNAERT, M., LUNZE, J. et STAROSWIECKI, M. (2006). *Diagnosis and Fault-Tolerant Control*. Control Systems Series. Springer.

[Blanke et al., 2001] BLANKE, M., STAROSWIECKI, M. et WU, N. E. (2001). Concepts and methods in fault-tolerant control. *Dans : Proc. of the American Control Conference, ACC'01*, volume 4, pages 2606–2620, Arlington, VA, USA.

[Braun et al., 2000] BRAUN, M., MCNAMARA, B., RIVERA, D. et STENMAN, A. (2000). "Model-on-demand" identification for control : an experimental study and feasibility analysis for mod-based predictive control. *Dans : Symposium on System Identification, SYSID 2000*, CD-ROM, Santa Barbara, California, USA.

[Capiluppi, 2006] CAPILUPPI, M. (2006). *Fault Tolerance in Large Scale Systems : hybrid and distributed approaches*. Thèse de doctorat, University of Bologna, Bologna, Italie.

[Chen et Patton, 1999] CHEN, J. et PATTON, R. (1999). *Robust model-based fault diagnosis for dynamic systems*, volume 3. Kluwer Academic Publishers.

[Chen et al., 1995] CHEN, X., WANG, Z., XU, G., GUO, Z. et FENG, Z. (1995). Eigenstructure assignment in state covariance control. *Systems and Control Letters*, 26(1):157–162.

[Chowdhury et Chen, 2006] CHOWDHURY, F. et CHEN, W. (2006). Fault monitoring in the presence of fault-tolerant control. *Dans : Proc. of the 6th IFAC SafeProcess'06*, pages 1321–1326, Beijing, China.

[Ciubotaru et al., 2006] CIUBOTARU, B., STAROSWIECKI, M. et CHRISTOPHE, C. (2006). Fault tolerant control of the boeing 747 short-period mode using the admissible model matching technique. *Dans : Proc. of the IFAC Symposium SafeProcess'06*, pages 871–876, Beijing, PR China.

[Clarke et Sun, 1998] CLARKE, T. et SUN, X.-D. (1998). Minimal state-space model realisation of a nonlinear helicopter. *IEE Proceedings of Control Theory and Applications*, 145(4):415–422.

[Collins et Skelton, 1987] COLLINS, E. et SKELTON, R. (1987). A theory of state covariance assignment for discrete systems. *IEEE Transactions on Automatic Control*, AC-32(1):35–41.

[Corless *et al.*, 1989] CORLESS, M., ZHU, G. et SKELTON, R. E. (1989). Improved robustness bounds using covariance matrices. *Dans : Proc. of the Conference on Decision and Control, CDC'89*, volume 3, pages 2667–2672.

[Davison, 1976] DAVISON, E. J. (1976). The steady-state invertibility and feedforward control of linear time-invariant systems. *IEEE Transactions on Automatic Control*, 21(4):529–534.

[D'Azzo et Houpis, 1995] D'AZZO, J. et HOUPIS, C. (1995). *Linear control systems, analysis and design, conventional and modern*. Series in Electrical and Computer Engineering. McGraw-Hill, New York.

[ECC, 1999] ECC (1999). *Fault Detection and Isolation of a Three Tank Benchmark*. Session invitée CA-5, Proc. of the European Control Conference, ECC'99, Karlsruhe, Germany.

[Escobet et Travé-Massuyés, 2001] ESCOBET, T. et TRAVÉ-MASSUYÉS, L. (2001). Parameter estimation methods for fault detection and isolation. *Dans : Proc. of the 12th International Workshop on Principles of Diagnosis*, pages 1–11, Via Lattea, Italy.

[Fang *et al.*, 2007] FANG, H., YE, H. et ZHONG, M. (2007). Fault diagnosis of networked control systems. *Annual Reviews in Control*, 31(1):55–68.

[Frank, 1990] FRANK, P. (1990). Fault diagnosis in dynamic systems using anlytical and knowledge-based redundancy : A survey and some new results. *Automatica*, 26(3):459–474.

[Frank, 1994] FRANK, P. (1994). Enhancement of robustness in observer based fault detection. *International Journal of Control*, 54:955–981.

[Frei *et al.*, 1999] FREI, C., KRAUS, F. et BLANKE, M. (1999). Recoverability viewed as a system property. *Dans : Proc. of the European Control Conference, ECC'99*, CD-ROM, Karlsruhe, Germany.

[Friedland, 1996] FRIEDLAND, B. (1996). *Control System Design*. Dover Publications, New York.

[Gao et Antsaklis, 1991] GAO, Z. et ANTSAKLIS, P. (1991). Stability of the pseudo inverse method for reconfigurable control systems. *International Journal of Control*, 53(3):717–729.

[Gao et Antsaklis, 1992] GAO, Z. et ANTSAKLIS, P. (1992). Reconfigurable control systems design via perfect model following. *International Journal of Control*, 56(4):783–798.

[Gertler, 1988] GERTLER, J. J. (1988). Survey of model-based failure detection and isolation in complex plants. *IEEE Control Systems Magazine*, 8(6):3–11.

[Gertler, 1998] GERTLER, J. J. (1998). *Fault detection and diagnosis in engineering systems*. Marcel Dekker.

[González-Contreras et al., 2007a] GONZÁLEZ-CONTRERAS, B., RULLÁN-LARA, J., THEILLIOL, D. et SAUTER, D. (2007a). Reconfiguración de sistemas de una sola entrada usando información de segundo orden. *Dans : Seminario Anual de Automática, Electrónica Industrial e Instrumentación, SAAEI'07*, pages 130–135, Puebla, Mexique.

[González-Contreras et al., 2006] GONZÁLEZ-CONTRERAS, B., THEILLIOL, D. et SAUTER, D. (2006). Actuator fault tolerant controller synthesis based on second order information. *Dans : 4th. Workshop on Advanced Control and Diagnosis, ACD'06*, CD-ROM, Nancy, France.

[González-Contreras et al., 2007b] GONZÁLEZ-CONTRERAS, B., THEILLIOL, D. et SAUTER, D. (2007b). Actuator fault tolerant control design : modified pseudo-inverse method for single-input systems based on second order information. *Dans : 5th. Workshop on Advanced Control and Diagnosis, ACD'07*, CD-ROM, Grenoble, France.

[González-Contreras et al., 2007c] GONZÁLEZ-CONTRERAS, B., THEILLIOL, D. et SAUTER, D. (2007c). Actuator fault tolerant controller synthesis based on second order information. *Dans : Proc. of the European Control Conference, ECC'07*, pages 1811–1816, Kos, Greece.

[González-Contreras et al., 2007d] GONZÁLEZ-CONTRERAS, B., THEILLIOL, D. et SAUTER, D. (2007d). Performance evaluation of networked control systems based on the controllability gramian. *Dans : 3th. Workshop on Networked Control Systems Tolerant to faults, NeCST'07*, CD-ROM, Nancy, France.

[González-Contreras et al., 2009] GONZÁLEZ-CONTRERAS, B. M., THEILLIOL, D. et SAUTER, D. (2009). On-line reconfigurability evaluation for actuator faults using input/output data. *Dans : Proceedings of the IFAC Symposium SafeProcess'09*, CD-ROM, Barcelone, Espagne.

[Gosiewski et Gorminski, 2006] GOSIEWSKI, Z. et GORMINSKI, M. (2006). Identification of physical parameters of rigid rotor in magnetic bearings. *Mechanics*, 25(2):64–71.

[Grigoriadis et Skelton, 1997] GRIGORIADIS, K. M. et SKELTON, R. (1997). Minimum-energy covariance controllers. *Automatica*, 33(4):569–578.

[Grimble et Johnson, 1988] GRIMBLE, M. J. et JOHNSON, M. A. (1988). *Optimal control and stochastic estimation : Theory and applications*, volume 2. Joh n Wiley and Sons.

[Guenab, 2007] GUENAB, F. (2007). *Contribution aux systèmes tolérants aux défauts : Synthèse d'une méthode de reconfiguration et/ou de restructuration intégrant la fiabilité des composants*. Thèse de doctorat, Université Henri Poincaré Nancy 1.

[Horta et Sandridge, 1992] HORTA, L. et SANDRIDGE, C. (1992). On-line identification of forward/inverse systems for adaptive control applications. *Dans : Proc. of the Guidance, Navigation and Control Conference*, pages 1639–1649, Head Isalnd, SC, USA.

[Hotz et Skelton, 1987] HOTZ, A. et SKELTON, R. (1987). Covariance control theory. *International Journal of Control*, 46(1):13–32.

[Hsieh et Skelton, 1990] HSIEH, C. et SKELTON, R. (1990). All covariance controllers for linear discrete-time systems. *IEEE Transactions on Automatic Control*, 35(8):908–915.

[Huo et al., 2002] HUO, Y., IOANNOU, P. et MIRMIRANI, M. (2002). *Fault-tolerant control and reconfiguration for high performance aircraft : review*. Technical report no. 01-11-01, University of Southern California, Los Angeles, Cal., US.

[Ingimundarson et Sánchez-P., 2008] INGIMUNDARSON, A. et SÁNCHEZ-P., R. (2008). Using the unfalsified control concept to achieve fault tolerance. *Dans : Proc. of the 17th IFAC World Congress 2008*, pages 1236–1242, Seoul, Korea.

[Isermann, 1997a] ISERMANN, R. (1997a). *Digital Control Systems, Fundamentals, Deterministic Control*, volume 1. Springer, Germany, 2nd édition.

[Isermann, 1997b] ISERMANN, R. (1997b). Supervision, fault-detection and fault-diagnosis methods. an introduction. *Control Engineering Practice*, 5(5):639–652.

[Isermann, 2006] ISERMANN, R. (2006). *Fault-diagnosis systems : An introduction from fault detection to fault tolerance*. Springer, Berlin, Germany.

[Isermann et Ballé, 1997] ISERMANN, R. et BALLÉ, P. (1997). Trends in the application of model-based fault detection and diagnosis of technical processes. *Control Engineering Practice*, 5(5): 709–719.

[Jiang et Chowdhury, 2005] JIANG, B. et CHOWDHURY, F. (2005). Fault estimation and accommodation for linear mimo discrete-time systems. *IEEE Transactions on Control Systems Technology*, 13(3):493–499.

[Jiang, 2005] JIANG, J. (2005). Fault-tolerant control systems. An introductory overview. *Acta Automatica Sinica*, 31(1):160–174.

[Jiang et Zhao, 2000] JIANG, J. et ZHAO, Q. (2000). Design of reliable control systems possessing actuator redundancy. *AIAA Journal of Guidance, Control, and Dynamics*, 23(4):709–718.

[Juang, 1994] JUANG, J.-N. (1994). *Applied system identification*. Prentice Hall, Englewood Cliffs, New Jersey.

[Juang et Pappa, 1985] JUANG, J.-N. et PAPPA, R. (1985). An eigensystem realization algorithm for model parameter identification and model reduction. *AIAA Journal of Guidance, Control, and Dynamics*, 8(5):620–627.

[Juang et al., 1993] JUANG, J.-N., PHAN, M., HORTA, L. et LONGMAN, R. (1993). Identification of observer/kalman filter markov parameters : theory and experiments. *AIAA Journal of Guidance, Control, and Dynamics*, 16(2):320–329.

[Kailath, 1980] KAILATH, T. (1980). *Linear Systems*. Prentice Hall, Englewood Cliffs, New Jersey.

[Kanev et Verhaegen, 2000] KANEV, S. et VERHAEGEN, M. (2000). A bank of reconfigurable LQG controllers for linear systems subjected to failures. *Dans : Proc. of the Conference on Decision and Control, CDC'00*, pages 3684–3689, Sidney, Australia.

[Kim et al., 2003] KIM, D.-S., LEE, Y. S., KWON, W. H. et PARK, H. S. (2003). Maximum allowable delay bounds of networked control systems. *Control Engineering Practice*, 11(11): 1301–1313.

[Konstantopoulos et Antsaklis, 1999] KONSTANTOPOULOS, I. et ANTSAKLIS, P. (1999). An optimization approach to control reconfiguration. *Journal of Dynamics and Control*, 9(2):255–270.

[Krajewski *et al.*, 1994] KRAJEWSKI, W., LEPSCHY, A. et VIARO, U. (1994). Reduction of linear continuous-time multivariable systems by matching first- and second-order information. *IEEE Transactions on Automatic Control*, 39(10):2126–2129.

[Krokavec et Filasová, 2008] KROKAVEC, D. et FILASOVÁ, A. (2008). Performance of reconfiguration structures based on the constrained control. *Dans : Proc. of the 17th IFAC World Congress 2008*, pages 1243–1248, Seoul, Korea.

[Kwakernaak et Sivan, 1972] KWAKERNAAK, H. et SIVAN, R. (1972). *Linear optimal control systems*. Wiley Interscience.

[Larminat, 1996] LARMINAT, P. D. (1996). *Automatique : commande des systèmes linéaires*. Éditions Hermès, Paris, 2ème édition.

[Lian *et al.*, 2001] LIAN, F.-L., MOYNE, J. et TILBURY, D. (2001). Performance evaluation of control networks : Ethernet, controlnet and devicenet. *IEEE Transactions on Control Systems Technology*, 21(1):66–83.

[Lian *et al.*, 2002] LIAN, F.-L., MOYNE, J. et TILBURY, D. (2002). Network design consideration for distributed control systems. *IEEE Transactions on Control Systems Technology*, 10(2):297–307.

[Liang et Liaw, 2002] LIANG, Y.-W. et LIAW, D.-C. (2002). Common stabilizers for linear control systems in the presence of actuators outage. *Dans : Proc. of the American Control Conference, ACC'02*, volume 5, pages 2735–2739, Boston, MA, USA.

[Liao *et al.*, 2002] LIAO, F., WANG, J. L. et YANG, G.-H. (2002). Reliable robust flight tracking control : an lmi approach. *IEEE Transactions on Control Systems Technology*, 10(1):76–89.

[Liu, 2007] LIU, F. (2007). *Synthèse d'observateurs à entrées inconnues pour les systèmes non linéaires*. Thèse de doctorat, Université de Caen–Basse Normandie.

[Ljung, 1999] LJUNG, L. (1999). *System identification. Theory for the user*. Information and System Sciences Series. Prentice Hall, NJ, USA, 2nd édition.

[Looze *et al.*, 1985] LOOZE, D. P., WEIS, J. L., ETERNO, J. et BARRET, N. M. (1985). An automatic redesign approach for restructurable control systems. *IEEE Control Systems Magazine*, 5(2):16–22.

[Mao et Jiang, 2007] MAO, Z.-H. et JIANG, B. (2007). Fault estimation and accommodation for networked control systems with transfer delay. *Acta Automatica Sinica*, 33(7):739–743.

[Martí *et al.*, 2004] MARTÍ, P., YÉPEZ, J., VELASCO, M., VILLA, R. et FUERTES, J. (2004). Managing quality-of-control in ncs by controller and message scheduling co-design. *IEEE Transactions on Industrial Electronics*, 51(6):1159–1166.

[Mendonça *et al.*, 2007] MENDONÇA, L., SOUSA, J. et da COSTA, J. S. (2007). Fault tolerant control of a three tank benchmark using weighted predictive control. *Lecture Notes in Computer Science*, 45(29):732–742.

[Moore, 1981] MOORE, B. (1981). Principal component analysis in linear systems : Controllability, observability, and model reduction. *IEEE Transactions on Automatic Control*, 26(1):17–32.

[Mosterman et Biswas, 1999] MOSTERMAN, P. J. et BISWAS, G. (1999). Diagnosis of continuous valued systems in transient operating regions. *IEEE Trans. on Systems, Man and Cybernetics : Part A*, 29(6):554–565.

[Naghshtabrizi et Hespanha, 2005] NAGHSHTABRIZI, P. et HESPANHA, J. P. (2005). Designing an observer-based controller for a network control system. *Dans : Proc. of the Conference on Decision and Control, CDC'05*, pages 848–853, Seville, Spain.

[Networked Control Systems Tolerant to Faults, 2004] Networked Control Systems Tolerant to Faults (2004). Networked Control Systems Tolerant to Faults. Homepage : http ://www.strep-necst.org/.

[Niemann et Stoustrup, 2005] NIEMANN, H. et STOUSTRUP, J. (2005). An architecture for fault tolerant controllers. *International Journal of Control*, 78(14):1091–1110.

[Nilsson, 1998] NILSSON, J. (1998). *Real-time control systems with delays*. Thèse de doctorat, Lund Institute of Technology, Lund,Sweden.

[Nilsson *et al.*, 1998] NILSSON, J., BERNHARDSSONT, B. et WITTENMARK, B. (1998). Stochastic analysis and control of real-time systems with random time delays. *Automatica*, 34(1):57–64.

[Noura *et al.*, 1999] NOURA, H., BASTOGNE, T. et DARDINIER-MARON, V. (1999). A general fault tolerant control approach : Application to a winding machine. *Dans : Proc. of the Conference on Decision and Control, CDC'99*, pages 3565–3580, Phoenix, Arizona, USA.

[Noura *et al.*, 2000] NOURA, H., SAUTER, D., HAMELIN, F. et THEILLIOL, D. (2000). Fault-tolerant control in dynamic systems : application to a winding machine. *IEEE Control Systems Magazine*, 20(1):33–49.

[Ogata, 1997] OGATA, K. (1997). *Modern control engineering*. Prentice Hall, NY, 3th édition.

[Overschee et Moor, 1996] OVERSCHEE, P. V. et MOOR, B. D. (1996). *Subspace identification for linear systems. Theory, implementation, applications*. Kluwer Academic Publishers, London.

[Park *et al.*, 2002] PARK, H. S., KIM, Y. H., KIM, D.-S. et KWON, W. H. (2002). A scheduling method for network-based control systems. *IEEE Transactions On Control Systems Technology*, 10(3):318–330.

[Park *et al.*, 2005] PARK, M.-S., YANG, D.-H., PARK, D.-G. et HONG, S.-K. (2005). An experimental study on the closed-loop system identification by observer/controller identification(ocid) algorithm. *Dans : Proc. of the Conference of Control Application, CCA'03*, pages 37–42.

[Patton, 1997] PATTON, R. J. (1997). Fault-tolerant control systems : the 1997 situation. *Dans : Proc. of the IFAC Symposium SafeProcess'97*, volume 2, pages 1033–1054, Hull, UK.

[Patton *et al.*, 1989] PATTON, R. J., FRANK, P. et CLARK, R. (1989). *Fault diagnosis in dynamic systems : theory and applications*. Prentice Hall series in systems and control engineering. Prentice Hall, Englewood Cliffs.

[Patton *et al.*, 2000] PATTON, R. J., FRANK, P. M. et CLARK, R. N. (2000). *Issues of Fault Diagnosis for Dynamic Systems*. Springer-Verlag, New York.

[Phan et al., 1992] PHAN, M., HORTA, L., JUANG, J.-N. et LONGMAN, R. (1992). Identification of linear systems by an asymptotically stable observer. *NASA Technical Paper 3164*, pages 1–66.

[Rauch, 1994] RAUCH, H. (1994). Intelligent fault diagnosis and control reconfiguration. *IEEE Control Systems Magazine*, 14(3):6–12.

[Rodrigues et al., 2008] RODRIGUES, M., THEILLIOL, D., ADAM-MEDINA, M. et SAUTER, D. (2008). A fault detection and isolation scheme for industrial systems based on multiple operating models. *Control Engineering Practice*, 16(2):225–239.

[Sauter et al., 1998] SAUTER, D., HAMELIN, F. et NOURA, H. (1998). Fault diagnosis and accommodation in dynamic systems; application to a dc motor. *Dans : Proc. of the American Control Conference, ACC'98*, volume 5, pages 2872–2873, Philadelphia, Pennsylvania, USA.

[Sauter et al., 2005] SAUTER, D., JAMOULI, H., KELLER, J.-Y. et PONSART, J.-C. (2005). Actuator fault compensation for a winding machine. *Control Engineering Practice*, 13(10):1307–1314.

[Seo, 1997] SEO, C.-J. (1997). Robust and reliable H_∞ output feedback control for linear systems with parameter uncertainty and actuator failure. *Dans : Proc. of the Mediterranean Conference on Control and Automation, MED'97*, CD-ROM, Paphos, Cyprus.

[Seo et Kim, 1996] SEO, C.-J. et KIM, B. K. (1996). Robust and reliable H_∞ control for linear systems with parameter uncertainty and actuator failure. *Automatica*, 32(3):465–467.

[Silla, 2003] SILLA, H. (2003). *Chemical Process Engineering : Design and Economics.* Chemical Industries. Marcel Dekker, New York, USA.

[Skelton, 1988] SKELTON, R. E. (1988). Control of state and input covariances for dynamic systems. *Dans : Proc. of the Conference on Decision and Control, CDC'89*, volume 3, pages 1902–1907, Austin, Texas, USA.

[Skelton et Grigoriadis, 1993] SKELTON, R. E. et GRIGORIADIS, K. M. (1993). Minimum energy covariance controllers. *Dans : Proc. of the Conference on Decision and Control, CDC'93*, volume 1, pages 823–824, San Antonio, Texas, USA.

[Skelton et Ikeda, 1989] SKELTON, R. E. et IKEDA, M. (1989). Covariance controllers for linear continuous-time systems. *International Journal of Control*, 49(5):1773–1785.

[Skelton et al., 1998] SKELTON, R. E., IWASAKI, T. et GRIGORIADIS, K. (1998). *A unified algebraic approach to linear control design.* Control Systems Series. Taylor and Francis.

[Skelton et al., 1994] SKELTON, R. E., XU, J.-H. et YASUDA, K. (1994). Minimal energy covariance control. *International Journal of Control*, 59(6):1567–1578.

[Sreeram et Agathoklis, 1992] SREERAM, V. et AGATHOKLIS, P. (1992). On covariance control theory for linear continuous system. *Dans : Proc. of the Conference on Decision and Control, CDC'92*, pages 213–214, Anchorage, Alaska, USA.

[Staroswiecki, 2002] STAROSWIECKI, M. (2002). On reconfigurability with respect to actuator failures. *Dans : Proc. of the 15th Triennial World Congress of the IFAC 2002*, pages 775–780, Barcelona, Spain.

[Staroswiecki, 2003] STAROSWIECKI, M. (2003). Actuator faults and the linear quadratic control problem. *Dans : Proc. of the Conference on Decision and Control, CDC'03*, pages 959–965, Hawaii, USA.

[Staroswiecki, 2005a] STAROSWIECKI, M. (2005a). Fault tolerant control : the pseudo-inverse method revisited. *Dans : Proc. of the 16th Triennial World Congress of the IFAC 2005*, CD-ROM, Prague, CZ.

[Staroswiecki, 2005b] STAROSWIECKI, M. (2005b). Fault tolerant control using an admissible model matching approach. *Dans : Proc. of the Conference on Decision and Control, CDC'05*, pages 2421–2426, Seville, Spain.

[Staroswiecki et Cazaurang, 2008] STAROSWIECKI, M. et CAZAURANG, F. (2008). Fault recovery by nominal trajectory tracking. *Dans : Proc. of the American Control Conference, ACC'08*, pages 1070–1075, Seattle, Washington, USA.

[Stenman *et al.*, 1996] STENMAN, A., GUSTAFSSON, F. et LJUNG, L. (1996). Just in time models for dynamical systems. *Dans : Proc. of the Conference on Decision and Control, CDC'96*, pages 1115–1120, Kobe, Japan.

[Stoustrup et Blondel, 2004] STOUSTRUP, J. et BLONDEL, V. D. (2004). Fault tolerant control : a simultaneous stabilization result. *IEEE Transactions on Automatic Control*, 49(2):305–310.

[Stoustrup et Niemann, 2001] STOUSTRUP, J. et NIEMANN, H. (2001). Fault tolerant feedback control using the youla parameterization. *Dans : Proc. of the European Control Conference, ECC'01*, pages 1970–1974, Porto, Portugal.

[Suyama, 2002a] SUYAMA, K. (2002a). Systematization of reliable control. *Dans : Proc. of the American Control Conference, ACC'02*, volume 5, pages 5110–5118, Anchorage, AK, USA.

[Suyama, 2002b] SUYAMA, K. (2002b). What is reliable control. *Dans : Proc. of the 15th Triennial World Congress of the IFAC 2002*, CD-ROM, Barcelona, Spain.

[Theilliol *et al.*, 2002] THEILLIOL, D., NOURA, H. et PONSART, J. (2002). Fault diagnosis and accommodation of a three-tank system based on analytical redundancy. *ISA Transactions*, 41:365–382.

[Theilliol *et al.*, 1998] THEILLIOL, D., NOURA, H. et SAUTER, D. (1998). Fault-tolerant control method for actuator and component faults. *Dans : Proc. of the Conference on Decision and Control, CDC'98*, volume 1, pages 604–609, Tampa, Florida, USA.

[Tiano *et al.*, 2007] TIANO, A., SUTTON, R., LOZOWICKI, A. et NAEEM, W. (2007). Observer kalman filter identification of an autonomous underwater vehicle. *Control Engineering Practice*, 15(6):727–739.

[Tipsuwan et Chow, 2003] TIPSUWAN, Y. et CHOW, M.-Y. (2003). Control methodologies in networked control systems. *Control Engineering Practice*, 31(11):1099–1111.

[Toscano, 2005] TOSCANO, R. (2005). *Commande et diagnostic des systèmes dynamiques*. Technosup. Ellipses, Paris.

[Valasek et Chen, 2003] VALASEK, J. et CHEN, W. (2003). Observer/kalman filter identication for online system identification of aircraft. *AIAA Journal Of Guidance, Control, and Dynamics*, 26(2):347–353.

[Veillette *et al.*, 1990] VEILLETTE, R., MEDANIC, J. et PERKINS, W. (1990). Design of reliable control systems. *Dans : Proc. of the Conference on Decision and Control, CDC'90*, volume 2, pages 1131–1136, Honolulu, Hawaii, USA.

[Veillette *et al.*, 1992] VEILLETTE, R., MEDANIC, J. et PERKINS, W. (1992). Design of reliable control systems. *IEEE Transactions on Automatic Control*, 37(3):290–304.

[Veillette, 1995] VEILLETTE, R. J. (1995). Reliable linear-quadratic state-feedback control. *Automatica*, 31(1):137–143.

[Wicks et Decarlo, 1990] WICKS, M. A. et DECARLO, R. A. (1990). Gramian assignment based on the lyapunov equation. *IEEE Transactions on Automatic Control*, 35(4):465–468.

[Wills *et al.*, 2001] WILLS, L., KANNAN, S., SANDER, S., GULER, M., HECK, B., PRASAD, J., SCHRAGE, D. et VACHTSEVANOS, G. (2001). An open platform for reconfigurable control. *IEEE Control Systems Magazine*, 21(3):49–64.

[Wu et Chen, 2000] WU, N. E. et CHEN, T. (2000). Feedback design in control reconfigurable systems. *International Journal of Robust and Nonlinear Control*, 6(6):560–570.

[Wu et Ju, 2000a] WU, N. E. et JU, J. (2000a). Optimal management of redundant control authority for fault tolerance. *Dans : Proc. of the American Control Conference, ACC'00*, pages 3730–3731, Chicago, Illinois, USA.

[Wu et Ju, 2000b] WU, N. E. et JU, J. (2000b). Parametric modeling and fault tolerant control. *Dans : Proc. of the 20th Digital Avionics Systems Conference, DASC'00*, volume 2, pages 6F3/1–6F3/8, Chicago, Illinois, USA. IEEE/AIAA.

[Wu *et al.*, 2006] WU, N. E., THAVAMANI, S. et BLANKE, M. (2006). Sensor fault masking of a ship propulsion system. *Control Engineering Practice*, 14(11):1337–1345.

[Wu *et al.*, 2000a] WU, N. E., ZHANG, Y. et ZHOU, K. (2000a). Detection, estimation, and accommodation of loss of control effectiveness. *International Journal of Adaptive Control and Signal Processing*, 14(7):775–795.

[Wu *et al.*, 2000b] WU, N. E., ZHOU, K. et SALOMON, G. (2000b). Control reconfigurability of linear time-invariant systems. *Automatica*, 36(11):1767–1771.

[Wu *et al.*, 2000c] WU, N. E., ZHOU, K. et SALOMON, G. (2000c). On reconfigurability. *Dans : Proc. of the IFAC Symposium SafeProcess'00*, volume 2, pages 843–851, Budapest, Hongrie.

[Xu et Skelton, 1992] XU, J.-H. et SKELTON, R. (1992). An improved covariance assignment theory for discrete systems. *IEEE Transactions on Automatic Control*, 37(10):1588–1591.

[Yang *et al.*, 2006] YANG, H., MAO, Z.-H. et JIANG, B. (2006). Model-based fault tolerant control for hybrid dynamic systems with sensor faults. *Acta Automatica Sinica*, 32(5):680–685.

[Yang, 2006] YANG, Z. (2006). Reconfigurability analysis for a class of linear hybrid systems. *Dans : Proc. of the 6th IFAC SafeProcess'06*, pages 1033–1038, Beijing, PR China.

[Yasuda et Skelton, 1991] YASUDA, K. et SKELTON, R. E. (1991). Assigning controllability and observability gramian in feedback control. *AIAA Journal of Guidance Control and Dynamics*, 14(5):878–885.

[Yasuda *et al.*, 1993] YASUDA, K., SKELTON, R. E. et GRIGORIADIS, K. M. (1993). Covariance controllers : A new parametrization of the class of all stabilizing controllers. *Automatica*, 29(3):785–788.

[Yedavalli, 1985] YEDAVALLI, R. (1985). Improved measures of stability robustness for linear state space models. *IEEE Transactions on Automatic Control*, 30(6):577–579.

[Zhang *et al.*, 2001] ZHANG, W., BRANICKY, M. et PHILLIPS, S. (2001). Stability of networked control systems. *IEEE Control Systems Magazine*, 21(1):84–99.

[Zhang et Jiang, 2001] ZHANG, Y. et JIANG, J. (2001). Integrated design of reconfigurable fault-tolerant control systems. *AIAA Journal of Guidance, Control, and Dynamics*, 24(1):133–136.

[Zhang et Jiang, 2002] ZHANG, Y. et JIANG, J. (2002). Active fault-tolerant control system against partial actuator failures. *IEE Proceedings Control Theory Applications*, 149(1):95–104.

[Zhang et Jiang, 2003] ZHANG, Y. et JIANG, J. (2003). Fault tolerant control system design with explicit consideration of performance degradation. *IEEE Transactions on Aerospace and Electronic Systems*, 39(3):838–848.

[Zhang et Jiang, 2006] ZHANG, Y. et JIANG, J. (2006). Issues on integration of fault diagnosis and reconfigurable control in active fault-tolerant control systems. *Dans : Proc. of the IFAC Symposium SafeProcess'06*, pages 1513–1524, Beijing, P.R., China.

[Zhang et Jiang, 2008] ZHANG, Y. et JIANG, J. (2008). Bibliographical review on reconfigurable fault-tolerant control systems. *Annual Reviews in Control*, 32(2):229–252.

[Zhang *et al.*, 2008] ZHANG, Y., RABBATH, C. A. et SU, C.-Y. (2008). Reconfigurable control allocation applied to an aircraft benchmark model. *Dans : Proc. of the American Control Conference, ACC'08*, pages 1052–1057, Seattle, Washington, USA.

[Zhao et Jiang, 1998] ZHAO, Q. et JIANG, J. (1998). Reliable state feedback control system design against actuator failures. *Automatica*, 34(10):1267–1272.

[Zheng *et al.*, 2003] ZHENG, Y., FANG, H.-J. et XIE, L.-B. (2003). Fault detection approach for networked control system based on a memoryless reduced-order observer. *Acta Automatica Sinica*, 29(4):559–566.

[Zhou *et al.*, 1996] ZHOU, K., DOYLE, J. et GLOVER, K. (1996). *Robust and optimal control*. Prentice-Hall, Englewood Cliffs, New Jersey.

[Zhou et Khargonekar, 1987] ZHOU, K. et KHARGONEKAR, P. P. (1987). Stability robustness bounds for linear state-space models with structured uncertainty. *IEEE Transactions on Automatic Control*, 32(7):621–623.

[Zhou *et al.*, 2004] ZHOU, K., RACHINAYANI, P., LIU, N., ZHANG, R. et ARAVENA, J. (2004). Fault diagnosis and reconfigurable control for flight control systems with actuator failures.

Dans : Proc. of the Conference on Decision and Control, CDC'2004, volume 5, pages 5266–5271, Atlantis, Paradise Island, Bahamas.

[Zhou et Ren, 2001] ZHOU, K. et REN, Z. (2001). A new controller architecture for high performance, robust, and fault tolerant control. *IEEE Transactions on Automatic Control*, 46(10):1613–1618.

[Zolghadri *et al.*, 1996] ZOLGHADRI, A., HENRY, D. et MONSION, M. (1996). Design of nonlinear observers for fault diagnosis : a case study. *Control Engineering Practice*, 4(11):1535–1544.

Résumé

Le travail présenté dans ce document concerne la synthèse de méthodes d'accommodation fondée sur l'information du second ordre (ISO) dans le contexte de la tolérance aux défauts présents au sein des systèmes linéaires. La contribution majeure de ces travaux de recherche concerne l'exploitation de cette information dans l'analyse de la reconfigurabilité (aptitude du système à s'affranchir des défauts) et dans le développement des stratégies d'accommodation de défauts permettant de retrouver les performances nominales en fonction du comportement dynamique et garantissant une information du second ordre imposée.

Dans un premier temps, on propose des approches pour mesurer l'information du second ordre à partir des grandeurs entrée/sortie des systèmes linéaires. Dans une première approche, la réponse (données de sortie) à la condition initiale est considérée. Une alternative intéressante à cette approche, en considérant le problème comme un d'identification et basée sur la réponse impulsionnelle (paramètres de Markov), est proposée afin d'évaluer l'information du second ordre indirectement mais en-ligne en utilisant des grandeurs entrée/sortie. Un indice résultant de cette évaluation est proposé afin de contribuer à l'étude de la reconfigurabilité en ligne d'un système défaillant. Cette estimation en temps réel de l'information du second ordre est étendue aux systèmes commandés en réseau afin d'évaluer l'impact de retards sur la reconfigurabilité du système.

Dans un deuxième temps, des stratégies permettant l'accommodation de défauts du type perte d'efficacité des actionneurs sont proposées, approches considérées dans le contexte de la synthèse de l'information du second ordre par retour d'état. On aborde le cas des systèmes à une entrée, approche proposée et basée sur la méthode de la pseudo inverse modifiée. Ensuite on considère le cas multivariable, approche basée sur la méthode de la pseudo inverse. Des exemples se présentent pour illustrer l'application des approches proposées.

Les éléments développés au cours du mémoire sont illustrés à travers une application couramment étudiée dans la commande de procédés : le système hydraulique des trois cuves. Les simulations effectuées mettent en relief les résultats obtenus et l'apport des méthodes développées.

Mots-clés: information du second ordre, reconfigurabilité, tolérance aux défauts, défauts actionneurs, systèmes linéaires, identification.

Abstract

This work is devoted to the synthesis of accommodation methods founded on the second order information (SOI) assignment in the context of fault tolerance for deterministic linear systems. The major contribution of this research concerns using this information in the reconfigurability analysis (capability of the system to respond to faults) and developing strategies for fault accommodation in order to recover nominal performances in terms of system dynamics and also to guarantee the assigned second order information.

Firstly, approaches for measuring the SOI using the system's input/output data are proposed. A first approach based on the initial response is considered. An interesting alternative to this approach, in considering the problem as one of identification, is proposed as an indirect computation of the SOI but online and using input/output data. An index based on reconfigurability, which is directly related to the SOI, is also proposed. Based on this online SOI computation, the index is applied to networked control systems affected by network induced delays in order to calculate their impact over the system.

Secondly, fault accommodation strategies for loss of effectiveness type faults are proposed under the feedback SOI synthesis. SISO systems are first considered, approach founded on the modified pseudo inverse method. On the other hand, a strategy for MIMO systems founded on the pseudo inverse method is taken into account. Examples illustrating the application of the approaches are also presented.

All these developed approaches are applied and illustrated through the well known process benchmark : the three tank hydraulic system. The simulations show up and notice the results obtained, and bring out the contribution of the developed approaches.

Keywords: second order information, reconfigurability, fault tolerance, actuator faults, linear systems, identification.